菌食の民俗誌

マコモと黒穂菌の利用

菌食の民俗誌

マコモと黒穂菌の利用

中村重正著

八坂書房

菌食の民俗誌——マコモと黒穂菌の利用

目次

プロローグ――今なぜマコモか

マコモは、東アジア原産の多年生のイネ科植物である。イネが日本にやってくるずっと以前から、日本列島に根をおろし、市民権を主張し、各地の河川や湖沼に大きな群落をつくって生活してきた。いわば、イネの兄貴分といえよう。

ところが、その存在が意外に知られていない。マコモが生えている湿地へ行って、

「どれがマコモかわかりますか。」

と聞いても、指さしているのが、ガマだったり、ヨシだったり、なかにはわざわざ田んぼのなかのヒエを指さす人さえいたのには恐れ入った。

そこで、

「お米のなる植物を知っていますか。」

と尋ねると、

「日本人だったら、イネぐらい知っているよ。」

と、ほとんどの人がちょっと不満げに答える。

ここで、ほとんどの人といったのには、理由がある。

国家公務員Ⅰ種、この間までは国家公務員上級職といった。この試験に合格すると、官僚の世界ではエリートコースに乗ったことになる。これからイネの育種に従事しようという農学系のこの合格者が、これまでにイネに触ったことがなかったという。嘘のような本当の話である。

ところで、私もマコモを詳しく知っていたわけではない。学生のころ、植物採集のために荒川から野火止へ向かう途中の川岸で、はじめてマコモ、ヨシ、ガマの群生を説明してもらった。そのなかに、マコモの茎の先が奇妙に膨れている株があった。それが黒穂菌の感染でできた菌えい（ファンガル・ゴール）で、マコモノネズミということも、そのときに教わった。しかし、ただそれだけで、特別の関心も湧かなかった。私にとって、とくに興味を持つようになったマコモとの出会いは、それほど古い話ではない。

一九六五年五月、台湾南部の農業調査で屏東（ピントン）市に滞在した。その日はレンブ（フトモモ科の果樹）の果実が収穫前に腐敗して、落下する病害の調査に行くために、早朝、ホテルの前で迎えの車を待っていた。街はまだ静かで、わずかな人々が、人通りの少ない道路の上に野菜や果物を並べて売っていた。好奇心に煽られて覗いてみると、昨晩食べた高級食材の白筍（タケノコの一種）の横に奇妙な形をした野菜があった。それは一見すると、サトウキビか、タケノコのようにもみえたが、とにかく、これまでみたことがない野菜だった。葉鞘（ようしょう）に包まれたままのものもあり、剝（む）いたものもあったが、葉鞘を剝いたものは白色か薄緑色だった。

これが黒穂菌が感染したマコモの肥大茎だという。台湾の友人の説明で、その場は一応、納得した。しかし、私が知っていたマコモ黒穂菌の菌えい、通称、マコモノネズミとはまったくイメージが違っていた。これがマコモタケ、中国語で茭白（ジャオパイ）と呼ばれる野菜との出会いだった。もちろん、その夜はマコモタケの炒め物をはじめて食べた。その味は、前夜の白筍に劣らない、なかなかの美味であった。さらに、この季節のマコモタケは白筍より高価だということを知って、あらためて心ゆくまで味わった。

それから何年かたった。ある年の八月、沖縄へマングローブの調査に行ったとき、市場で葉鞘を剝いた真っ白いマコモタケをみつけた。早速、大学に持ち帰って黒穂菌を分離しようと思い、それを買い求めた。ところが、一週間もバックに入れたまま持ち歩き、東京に帰って菌を分離しようと開けてみたら、マコモタケは褐色に変わって異臭を発していた。

その後、正確には一九八三年、第九回国際植物保護学会議に出席したとき、ロサンゼルス郊外のレストランでバターライスのような、炒飯のような料理を食べる機会があった。これがアメリカのマコモの実（み）、ワイルドライスとのはじめての出会いだった。

その年の秋、休耕田への転換作物としてマコモを導入できないかと考え、北アメリカ原産のワイルドライスを含めて、その利用を研究しようとジザニア研究会（初代会長小倉武一先生）が発足した。こうして、マコモは、旅先で出会った一風変わった野菜という印象を経て、ようやく、私の研究対象になった。

もし、私がマコモという植物に肩入れする理由を尋ねられたら、その理由のひとつに、マコモがマイナーで、地味で、人からあまり関心を持ってもらえそうもない、そんな植物だったからと答えるにちがいない。

ところで、縄文遺跡から出土している遺物のなかに含まれる食用植物は、約四〇種あるといわれている。もちろん出土量が多いのは、クリ、ドングリなどの堅果（けんか）類の実だが、そのリストのなかにイネ科の種子としてイネ、マコモ、ササ類が入っていた。このうち、イネはいずれ弥生時代に編入されるであろう時代、つまり縄文最終末期の遺跡からのみの出土である。しかし、最近のプラントオパール法、つまり、植物遺物のなかに残された植物珪酸体（プラントオパール）の形からその植物の分類群を知る方法を用いた研究によると、わが国のイネの栽培史は、これまでの定説より一〇〇〇年以上古い時代にさかのぼるという。

これに対して、マコモはイネが日本に渡来する以前から、われわれの祖先が食物としてだけでなく、おそらく衣食住の材料として、外来のイネより古い文化を築いてきたはずだ。ところが、いつの間にか、イネに主導権を奪われ、救荒植物としての出番さえ失って、完全に日常生活から脱落してしまった。しかし、マコモは古代からホーリープラント（聖なる植物）として扱われてきた。今でも、日本人の心や各地の神社、伝承行事のなかにその名残をみることができる。

一方、今では、マコモは農業用水路に繁茂して水の流れを妨げるという理由で、用水路などの河川管理上は邪魔者扱いされている。毎年、田植えの時期になると用水路のマコモを取り除く作業がたいへんだ。確かに、マコモは農家にとってみれば害草である。一九六一年に農業基本法ができたころから、農業用水路だけではなく、河川や湖沼の護岸までコンクリートで固められてしまった。陸圏と水圏の境がコンクリートで隔絶されて、水辺の生物相がすっかり変わってしまった。さらに、一九七〇年代になると、水田の機械化にともなって、マコモのような無用な挺水植物はますます生活の場を奪われてしまうことになる。実際に農村を歩いてみると、マコモの自生地が少なくなったのも、このころからである。

最近では、煙公害といわれて、畦畔やヨシ原の野焼きまで禁じられてしまった。冬の野焼きは越冬中の病原菌や害虫、ネズミのような有害獣の棲息数をコントロールし、ヨシやマコモなどの芽生えをそろえる。古い時代から経験的に知られていた、そうした効果がまったく忘れられてしまった。ヒトが手を加えない、触れない、利用しない、それが自然保護であるという考え方はまったくの誤解である。

さらに、農業政策の転換によって休耕田が増えた。各地に放置された休耕田をみるたびに、これが先祖から営々と培ってきた田んぼに対する現代人の仕打ちなのかと、あきれてしまう。これは、有休空間地とはいえない。なんとか利用できないものか。もし、経営的に有利な作物があったら、農家は水田を活用するにちがいない。各地の休耕田に転換作物の導入が検討されたとき、水田を乾かしてハトムギのような畑作作物を導入した。だが、本来、水田はイネのような水生の作物を栽培できるように、保水力のある土壌でつくられているから、マコモのような挺水植物の栽培に適している。そこで、転換作物としてマコモを普及させることを考えたのだが、そこには大きな問題があった。水田に使う水は、必要な時期に、必要なだけの量を使えるように、農家が水利権を持っている。しかし、最近では稲作の機械化の影響で、かなり早い時期に田に入る水を止めてしまう。そのため転換作物としてマコモの栽培が経営的に有利とわかっても、その導入が意外に制約され、当初考えていたよりもマコモの栽培が普及しにくい条件があるのだということが、ようやくわかってきた。

先日、新聞で、全国の農業用水路の柵とコンクリートを五年間に一〇〇〇カ所はずして、河川や沼のほとりに自然の生態系を取り戻して子供に遊び場を提供しようと、文部省や農水省が音頭をとることになったという記事があった。建設省でも多自然型河川を取り戻そうと河川行政の見直しを推進することになった。ちょっと遅すぎる感もあるが、結構なことである。河川、湖沼の自然が復活したら、植物だけでなく、魚や鳥や虫も豊富になって、四季を通じて子供たちだけでなく大人たちにも野遊びの場が与えられる。今のようなコンクリートで固められた水辺より、はるかに人々の心が豊かになるだろう。

マコモはマイナーな植物だが、資源として、民俗植物としてまだ生き伸びる場があることを本書を通して理解していただけたら幸いである。

1　世界のマコモ

マコモはイネと近縁の植物である。ちょっと面倒だが、植物分類学上の所属を問われると、イネ科（Gramineae）イネ亜科（Oryzoideae）イネ族（Oryzeae）マコモ亜族（Zizaninae）マコモ属（*Zizania*）に属する植物の総称で、これまでに東アジアに一種、北アメリカに三種分布していることが知られている。

アジアのマコモ

アジアに広く分布するマコモは、ただ一種類で学名を *Zizania latifolia* Turcz.（染色体数

2n＝34）といっているが、これには異論もある。中国では、黒穂菌が寄生して食用にするマコモタケを生ずるマコモは別の種類として、*Zizania caduciflora*（Turcz.）Hand.-Mazz. という学名を使っていたが、今ではこれを *Z. latifolia* の同種異名として扱っている。

マコモは多年生で、水中、水際に群生し、静かな水中で成育する。太い地下茎から一・二～二・四メートルの茎が出る。茎の節間の内部は薄紫色、薄膜状の隔膜があって仕切られている。葉は線状披針形（ひしんけい）、縁がザラザラしていて、長さ三〇～一〇〇センチ、幅二～三センチ以上あって、中肋（ちゅうろく）が裏面にいちじるしく隆起する。葉鞘の基脚部（葉基）はやや紅色を帯び、葉舌は披針形で先は細裂している。八～九月ころ、三〇～六〇センチの大形の円錐花序をつける。花は単性花で、花序の中央分枝に雌性小穂と雄性小穂を混成し、ふつうは、雌性小穂を上部に、雄性小穂を下部につける。雌性花は淡緑

表1-1　マコモ属（*Zizania*）植物の種類

1．多年生、アジア・アメリカに自生する		
1)	マコモ	*Z. latifolia* Turcz.
2)	テキサスマコモ	*Z. texana* A.S. Hitche
2．一年生、アメリカ・カナダに自生する		
3) a	アメリカマコモ	*Z. aquatica* var. *aquatica* L.
3) b	ブレビスマコモ	*Z. aquatica* var. *brevis* Fassett
4) a	パルストリスマコモ	*Z. palustris* var. *palustris* L.
4) b	インテリアマコモ	*Z. palustris* var. *interior* (Fassett) Dore

ドール（Dore,1969)による

色、長さ二〜三センチの細長い芒（のぎ）をつけ、羽毛状の白い花柱は先が二裂する。雄性花はやや赤紫色を帯び、先が尖るかまたは短い芒があり、雄しべは六本、葯は線形で長さが七〜一〇ミリ、もとの方に関節があって落ちやすい。

マコモ属植物はイネにきわめて近縁である。いずれも珪酸の蓄積が多いので、珪酸植物という。マコモの栽培型株と野生型株の葉を灰化して、含まれる珪酸の結晶を調べたところ、いずれもイネと類似のイチョウ葉型であった。

写真1-1　水路に群生するマコモ

その分布はきわめて広い。わが国の北海道、本州、四国、九州、琉球など全域、中国、韓国、シベリア東部、インドシナ半島にいたるまでの熱帯から寒帯に広く自生している。インド、スリランカにも分布しているという記録もあるが、確かめられていない。

ここで、単にマコモと呼ぶ場合は、東アジアに自生するマコモ属植物の一種を指し、その実をマコモノミ、菰米という。英語でマンチュリアン・ワイルドライスと呼ぶのは、おそらく、ロシア人が現在の中国の東北地方か

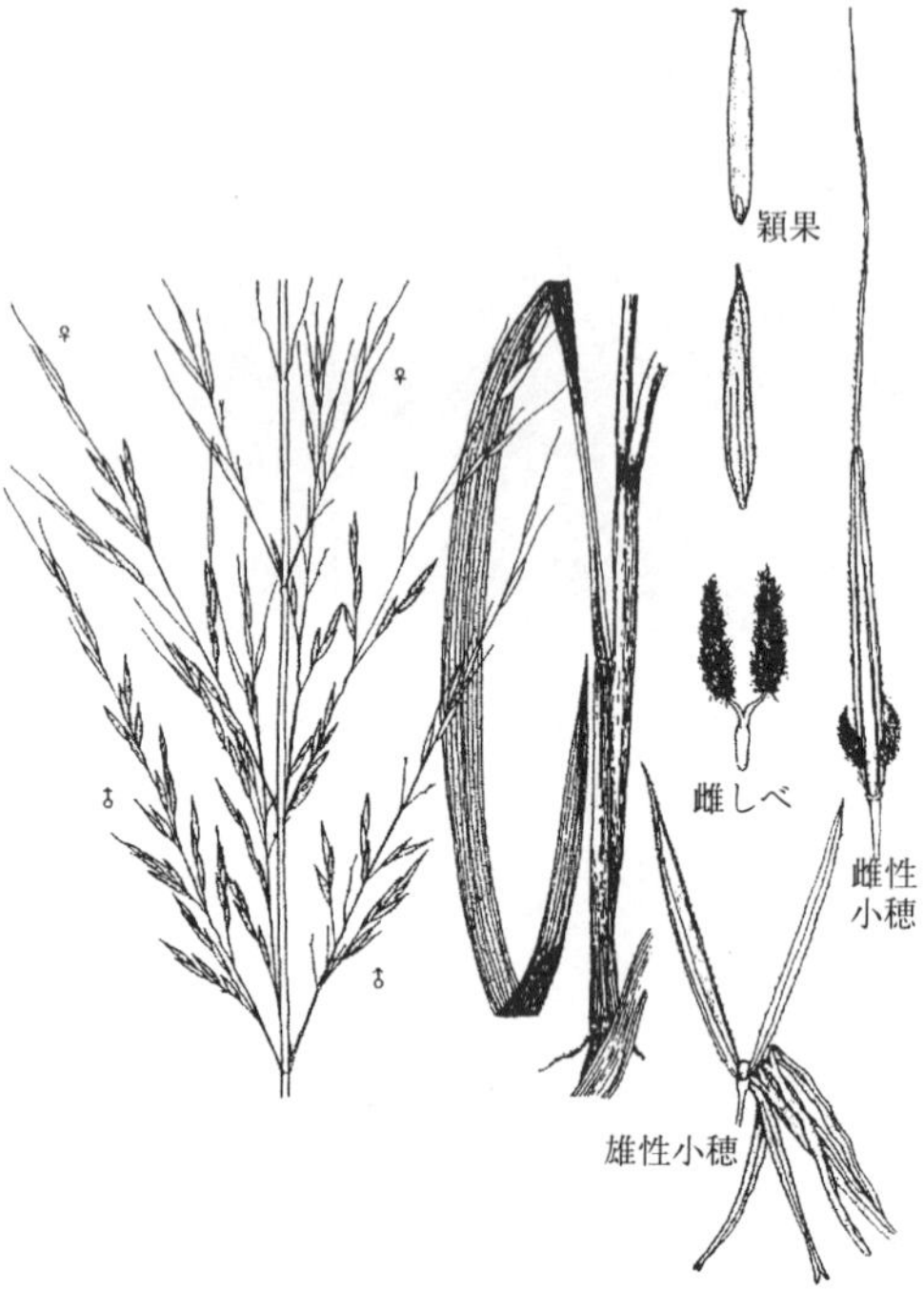

図1-1　マコモの形態

らシベリア南東部にかけて広く自生しているマコモに目をつけて、かつてアルタイ山脈を越えてヨーロッパに紹介したあたりから名づけられたものだろう。

マコモは、古くから私たちの生活とかかわりあいが深い。そこで、地域や時代によってさまざまな呼び名が残っている。古歌のなかにある「カスミグサ、フシシバ（伏柴）」、『新撰字鏡』（九〇一成る）のなかの「ヨドノフシシバ（淀伏柴）、カツミグサ（勝見草）、マコモグサ（真菰草）」、『倭名類聚抄』（和名抄、九三一成る）の「古毛」、「蔣」、「苽蔣草」、『重修本草綱目啓蒙』（一八四四）にみられる「菰」などのほか、『万葉集』（七五九）、『古今和歌集』（九〇五）にはマコモを歌った歌が多く、それらは「麻古毛」、「真薦」、「薦」、「許母」、「許毛」のような漢字をあて、また『八重御抄』には「ハナカツミ波奈加豆美」『和漢三才図会』（一七一二）には「彫胡米」、『本朝食鑑』（一六九二）には「佐牟古米（サムコマイ）」の名で出ている。そして、現在、各地に残るマコモの方言名は、これらの呼び名や、明らかに中国での呼び名、「菰」、「蔣草」、「菰蔣草」、「茭草」、「茭几呆」、「茭白」、「茭筍」、「芒婆草」などから由来したと思われるものもある。

北アメリカのマコモとワイルドライス

北アメリカには、つぎの三種四変種のマコモ属植物が知られている。

1　アメリカマコモ *Zizania aquatica* var. *aquatica* L.（染色体数2n＝30）

一年草。アメリカ・カナダの東部原産。葉は緑色。葉舌（ようぜつ）の頂端が尖り、または裂けている。

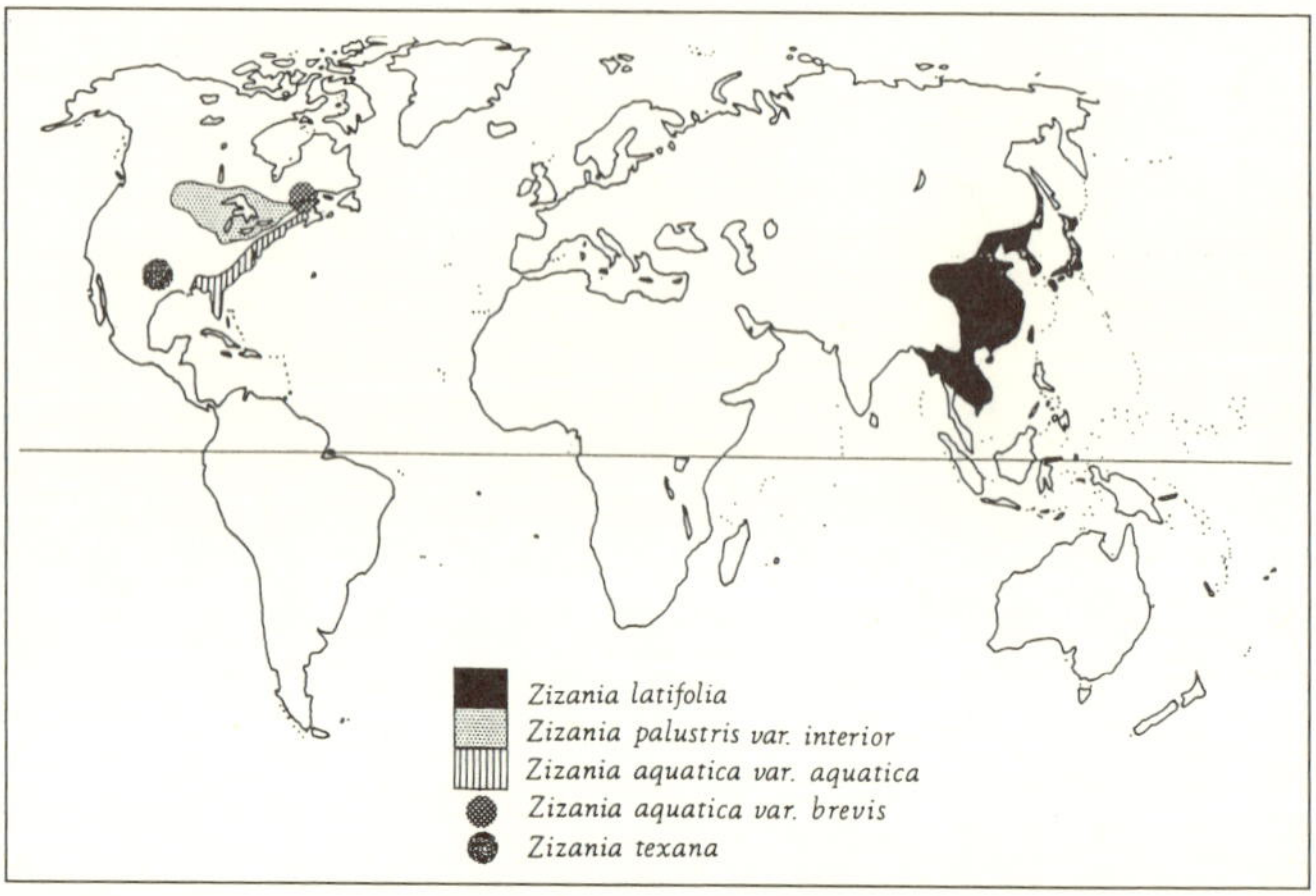

図1-2　世界におけるマコモ属植物の分布

表1-2　マコモ属植物の種の検索<種名の後の（　）内は中国名>

1．多年生

　2．円錐花序の中央分枝に、雌性あるいは雄性小穂を混成する。ふつう、雌性分枝が上部に雄性分枝が下部にある。静かな水中で生育する。葉舌の先端が裂けている。　マコモ（菰）*Z. latiofolia*

　2．円錐花序の分枝上に、雌性あるいは雄性小穂を混成しない。雌性分枝が上部に雄性分枝が下部にある。流水中で早く生育する。

　　テキサスマコモ（得克薩期菰）*Z. texana*

1．一年生

　2．緑色、葉舌の頂端が尖り、あるいは裂けている。

　　3．草丈2-3m、葉は長さ25-100cm、幅1-4cm。花期は7-8月。

　　アメリカマコモ（水生菰）*Z. aquatica* var.*aquiatica*

　　3．草丈20-65cm、葉は長さ3-14cm、幅0.3-0.9cm。花期は6-7月。

　　ブレビスマコモ（矮性菰）*Z. aquatica* var. *brevis*

　2．植物体はわずかに紫色を帯び、葉舌の頂端は丸い。

　　3．草丈0.6-1.2m、葉舌の高さは10mmに達する。花期は5-6月中。

　　パルストリスマコモ（沼生菰）*Z. palustris* var. *palustris*

　　3．草丈1.2-2.4m、葉舌の高さは5mmを超えない。花期は6-7月。

　　インテリアマコモ（湖生菰）*Z.palustris* var. *interior*

草丈二〜三メートル、葉の長さ二五〜一〇〇センチ、幅一〜四センチ。円錐花序には雌性小穂と雄性小穂を混成せず、雌性小穂をつけた雌性分枝が上部に、雄性小穂をつけた雄性分枝が下部にある。花期は七〜八月。カナダ東部からフロリダまでの淡水、汽水に広く分布する。

2 ブレビスマコモ *Z. aquatica* var. *brevis* Fassett（染色体数2n＝30）

一年草。カナダ東部原産。葉は緑色。葉舌の頂端が尖り、または裂けている。草丈二〇〜六五センチ、葉の長さ三〜一四センチ、幅一〜四センチ。円錐花序には雌性小穂と雄性小穂を混成せず、雌性小穂をつけた雌性分枝が上部に、雄性小穂をつけた雄性分枝が下部にある。花期は六〜七月。カナダのセントローレンス河流域の限られた地域にのみ分布する。

3 パルストリスマコモ *Z. palustris* var. *palustris* L.（染色体数2n＝30）

一年草。カナダ南部原産。葉はやや紫色。葉舌の頂端が丸い。草丈〇・六〜一・二メートル、葉舌の高さは一〇ミリに達する。円錐花序には雌性小穂と雄性小穂を混成せず、雌性小穂をつけた雌性分枝が上部に、雄性小穂をつけた雄性分枝が下部にある。花期は五〜六月。五大湖北岸に分布する。

4 インテリアマコモ *Z. palusturis* var. *interior*（Fassett）Dore（染色体数2n＝30）

一年草。五大湖中央原産。葉はやや紫色。葉舌の頂端が丸い。草丈一・二〜二・四メートル、葉舌の高さは五ミリを超えない。円錐花序には雌性小穂と雄性小穂を混成せず、雌性小穂をつけた雌性分枝が上部に、雄性小穂をつけた雄性分枝が下部にある。花期は六〜七月。アメリカ、カナダにまたがる内陸の淡水湖に広く分布する。

5 テキサスマコモ *Z. texana* A. S. Hitche（染色体数 2n＝30）

多年草。テキサス州原産。円錐花序には雌性小穂と雄性小穂を混成せず、雌性小穂をつけた雌性分枝が上部に、雄性小穂をつけた雄性分枝が下部にある。テキサス州のサンマルコス川の清澄な流れの速いところにわずかに自生しているが、絶滅が懸念されている。

これらアメリカ原産のマコモは、私が種名あるいは変種名を「マコモ」の頭につけて、便宜的に呼ぶことにした。北アメリカに分布するマコモの分類はたいへんむずかしく、研究者によって見解が一致していない。しかし、一般にワイルドライスというと、北アメリカ原産のマコモの種類と実を指している。食用として自然採取したり、最近は栽培の対象にしているワイルドライスは、おもに内陸に分布しているインテリアマコモの実を指している。

アメリカ先住民がワイルドライスを呼ぶ場合、部族によって呼び名が異なる。たとえば、オジブウェイ族はワイルドライスのことをマノミンという。この語源はグッドベリーとか、グッドシードの意味で、正しい定義づけとはいえない。このほか、インディアンライス、カナディアンライス、スクヮーライス、オート、ウォーターオート、ブラックバードライス、マーチオート、ウォーターライス、タスカロラなどさまざまである。初期のフランス系の移民者は、フォールオート、ワイルドオートと語源が同じフォーアボインと呼んでいた。初期にアメリカ大陸に移り住んだフランス系の多くの人々は、コムギを栽培していた。彼らがみかけた毒麦とワイルドライスがよく似ていたために、フォーアボインと名づけられたようである。フランス語でスァウベジ（ワイルドライスの意味）ともいっていたが、フランス系移民者たちが英語圏で生活するようになるにつれて、ワイルドライスの呼び名が定着するようになった。

ただ、このワイルドライスという呼び名は紛らわしい。日本のようなイネ（*Oriza sativa*）の栽培圏では、イネ属植物の野生種にワイルド・ライスを当てている。ある研究者はマコモの実の場合、ハイフォンをつけてワイルド－ライス、また縮めてワイルドライスあるいはジザニアと呼ぶことを提案している。

一般には、北アメリカ原産のマコモ属植物とその実を総称してワイルドライス、またイネ属植物の野生種をザ・ワイルド・ライスと呼んで区別してはいかがだろうか。

ヴァヴィロフとマコモ

ニコライ・イワノヴィッチ・ヴァヴィロフ（一八八七〜一九四二）は、有名な植物地理学者にして農学者である。彼は、二〇世紀はじめの一一年間にわたって世界各地を旅行して植物を収集し、農業を調査した。そして、その結果から、世界の栽培植物の起源中心地（ヴァヴィロフ・センターともいう）を八カ所決めた。彼は、植物のある分類群の発生地は、その分類群の示す変異性のもっとも高い地点であるという仮説を立てたことでも知られている。

ヴァヴィロフと日本とのかかわりは、意外に知られていない。ところが、彼の秘書であったA・S・ミーシナは、ヴァヴィロフの残した資料を整理して遺稿集としてとりまとめた。後に、この本は一九九二年にヴァヴィロフと親交があった木原均門下によって、木原記念横浜生命科学振興財団監訳で翻訳され、『ヴァヴィロフの資源植物探索紀行』の邦題で出版された。

このなかには、ヴァヴィロフが日本を旅行したときにみたマコモのことがかなり詳細に記録されている。

一九二九年七月、彼はパミールの西部、ヒマラヤ、崑崙山脈の障壁と死のタクラマカン砂漠の間にある中国領トルキスタン、すなわち新疆ウイグル自治区の標高一〇〇〇〜一五〇〇メートルの高所の農耕地を訪れた。その後、一一月には、ヴァヴィロフ一行は日本、台湾、朝鮮の調査に向かったが、日本の印象は意外だったようだ。

ヴァヴィロフは、はじめて訪問した日本について、西欧化が進んでいるが、全般には中国の内陸と同じく、特殊な東アジア的な世界そのものと考えていた。しかし、やがて中井猛之進、安藤広太郎、寺尾博、池野成一郎、駒井卓、木原均など、当時の日本を代表する多くの著名な植物学者や農学者と知り合うことで、日本の学術レベルが想像していた以上に高いのに驚いている。

私も外国を訪問すると、その国の研究機関や大学の研究の動向を知ったり、研究者と知り合いになることはもちろんである。もう一つ、市場をまわってみることも欠かしたことがない。こちらは、庶民の台所を覗くようなスリルを感ずる。ヴァヴィロフは、東京の青果市場でみた野菜や果物の形がいちじるしく多様で、植物の属や種が多いことに驚いたようだ。そして日本人ほど花や木を愛する国民は世界中にいないのではないだろうか、日本人はすぐれた自然に対する感性を持っている国民であると、感想を書き残している。

彼は、北海道ではソビエト（当時）から導入した亜麻の栽培、北限に近い地点でのイネの栽培、ホップの栽培などをみてまわり、日本人がヨーロッパ的世界から事物を吸収する独特な力を育て上げ、しかも雑草一本もない集約的な農業をおこなっているのに感心した。こうして短期間に北海道から鹿児島まで、日本を縦断し、その後、台湾と韓国まで足を伸ばして、栽培植物をみてまわった。

一一月二一日には、ヴァヴィロフは京都大学で栽培植物の起源について講演をおこない、京都周辺の農業を視察した。そのとき、はじめて黒穂菌が寄生したマコモを栽培しているのをみた。

ヴァヴィロフは、そのときの印象について、

「黒穂菌が寄生していないマコモの茎は食用にならないが、黒穂菌が寄生した茎は肥大して水気が多く、独特の風味があって、中国人や日本人にとってごくありふれた食物である。」

と記している。

京都近郊でマコモが栽培されていたということは、きわめて重要な記録である。ヴァヴィロフが書き残した記録によって、一九二九年には、確かに日本でもマコモが栽培されていたことがわかる。

中国は世界の農業発祥地として重要であるが、同じように日本は植物の種類がきわめて多い。両国民は動物性食物と同じように植物性食物を好む。とくに植物性食物が多様で、調理用に各

種の竹の若芽（タケノコ）、黒穂菌によるマコモの肥大茎などを含めて数多くの水生植物、ゴボウ、アブラナ、ダイコンなどの野菜のほか、チーズの一種ともいえる豆腐の原料となるダイズなどがあり、日本と中国の栽培植物の固有種の多さは世界のなかでも際立って目立っていると述べている。

台湾の訪問では、当時、台湾大学にいた田中長三郎の案内で、亜熱帯に位置する台湾の農業をみてまわりながら、灌漑できる低地では、晩熟性のマコモの栽培がおこなわれているのをみて、その品種の多様性に驚いている。

ヴァヴィロフは中国東部の農業にそれほどの関心を持たなかったのか、あるいは日程的に無理であったのか詳らかではないが、上海、蘇州、杭州などのマコモの栽培や多様な品種の分化まではみていない。

さらに、ヴァヴィロフはアメリカ大陸に行きたかったようだ。しかし、何回もビザの申請をしたが、アメリカから入国が許可されなかった。その理由として、自分がコミュニストだからであるといっている。

その後、アメリカへ行く機会がようやく訪れ、一九三二年八月から一九三三年二月まで、北アメリカと南アメリカを旅行した。北アメリカには第四回国際遺伝学・育種学会議への出席のついでに渡米し、とくにカナダの農業調査が目的だった。そのため、北アメリカ原産の唯一の穀物であるワイルドライスをみるチャンスがなかった。もし、彼が五大湖付近の湖で野生のワイルドライスの多様性をみていたら、マコモの栽培中心地を考える場合、東アジアと北アメリカのどちらに軍配を上げたであろうか、興味がある。

2　日本人とマコモ

マコモの方言名

マコモは古くから私たちの生活とかかわり合いが深い。したがって、その呼び名は中国の影響を受けてはいるが、先に述べたように時代によって、また地方によって多様である。

マコモの方言名は、大別すると、北の方からカツミ系とコモ系に分けられる。カツミ系はカツキ、カヅキ、カヅギ、カツボ、カッポ、ガッポ、カツモ、ガヅゴなどに変化し、コモ系はマコモ、マカモ、ナカモ、カーモなどに変化している。コモとカツミは一見つながりがないようにみえるが、その利用面でつながりがある。しかもそれは縄文時代にさかのぼる。

日本でマコモノミを食料にしていたのはかなり古い時代にさかのぼる。千葉県船橋市の高根木戸貝塚や海老ガ作貝塚の縄文中期の小竪穴からマコモの種子が検出されている。この時代にはまだイネは渡来していない。マコモはイネノミ、すなわち米より古い食料だった。

これらの方言名の由来について、湯浅（一九八七）はつぎのように考察している。

カツミ・カツギ系の呼び名は長野県以北に広く分布している。これは同じ方言名の木であるヌルデに由来して、小正月に粟穂、稗穂の象徴として飾られた。しかも多量に咲く、豊作祈願の象徴ともとれる。一方、カツミはカツ実、カツボはカツ穂の転訛とすると、語幹のカツは東北地方で穀物を指すことを考えるとマコモノミ

表2-1 マコモの利用

用途	利用例（利用部分）
神事用	葉薦（茎葉）、食薦、注連縄（茎葉）、鹿島人形（茎葉）、鹿島船（茎葉）
宗教用	盆ござ（茎葉）、カヤカヤ馬（茎葉）、精霊船（茎葉）
包装材	チマキグサ（葉）、ようかん（葉）
建築・敷物用	むしろ（茎葉）、屋根・壁（茎葉）
被服用	日みの（茎葉）、雨みの（茎葉）
飼料用	緑餌（茎葉）
肥料用	緑肥（茎葉）
食用	マコモノメ（蔬菜・幼茎）、マコモタケ（肥大茎）、マコモノミ（蔬米・種実）
薬用	菰葉（葉）、菰根（根）、マコモノミ（蔬米・種実）、マコモズミ（肥大茎）
工芸・顔料用	マコモズミ（肥大茎）

と通ずるという。さらにコモの語源について、コモノキというと青森県ではナナカマド、東北一帯ではウワミズザクラを指す。またニワトコのことをコモウッギと呼ぶ。これらの植物に共通してものを包むという用途はない。しかし花が白くて小さく、たくさんつけるなど、米粒を思わせる点が共通している。コモとは本来マコモノミを呼んだ名ではないだろうか。湯浅の推理はさらに深まる。イネが渡来したときにはその種子によく似たコモ（マコモノミ）が広く食用にされていた。そこで植物体はイネでよかったが、種子はコモで、その後コモからコメに転訛したのではなかろうか、コモ実 komomi→komi→kome あるいは、コモ実 komomi→コモメ komome→コメの変化、またモミはコモ実 komomi の頭が省略されて成立したのではないかと考えている。

このほか、北海道、宮城県、鹿児島県奄美大島のように語源がまったく違うものもある。

北海道　ウンチャキナ
青森県　カヅキ
秋田県　カヅキ（南秋田、仙北、雄勝）　ガジギ（仙北）　ガツギ（全域）　ガヅギ（全域）
岩手県　カヅギ（紫波）　ガッゴ（東磐井）
山形県　ガツゴ（東村山、北村山、西置賜）　ガジキ（東置賜）

ガヅギ（庄内全域、東置賜）
宮城県　チマキクサ（全域）　マキクサ（全域）
新潟県　カヅキ、カッバ（全域）
カッポ（南蒲原、北蒲原）　ガッボ（北蒲原）
長野県　カッボ（下高井）
福島県　マクモ（相馬）
群馬県　カツモ（山田）
埼玉県　マクモ（北足立）
富山県　カーモ（富山市）
和歌山県　コモクサ（日高）
岡山県　ナカモ（全域）　マカモ（全域）
徳島県　コモガヤ（全域）
福岡県　コモ（鞍手、筑紫、浮羽）
熊本県　コモ（玉名）
鹿児島県　コモ（鹿児島市、肝属）　マッコモ（肝属）　台湾ダーナ（奄美大島）

北海道のウンチャキナという方言の語源はよくわからないが、おそらくアイヌ語に由来していると思われる。吉田巖氏の『アイヌ方言語彙集成』（一九八九）のなかから、この音に近いものを拾ってみたら、ウン（un）は「所、ヨシ」、チャ（ca）は「柴、摘む」、キナ（kina）は釧路地方では「草」、日高地方では「ガマ、茣蓙」をそれぞれ指すとあるので、これらを合成して「水辺に生えている茣蓙の材料の草」という意味から来ていると思う。

宮城県のチマキグサとか、マキクサとかいう呼び名は、端午の節句に餅米、うるち米、米粉、葛粉でつくる餅、いわゆる粽を長円錐形に丸めて、マコモの葉でまき、イグサでしばったという古い民俗の名残であろう。

奄美大島で「台湾ダーナ」と呼ぶのは栽培型のマコモのことで、ダーナというのは竹のこと、おそらく「台湾から入って来た竹」という意味らしい。いずれにしても私たちの生活に密接した呼び名である。

水郷の町潮来の原風景

マコモはヨシとともに日本の湿原を代表する植物である。

利根川の下流の佐倉、佐原、潮来のあたりは、水田の間を縦横に水路が走り、いわゆる水郷と呼ばれている。この数年、潮来に行くことが多くなった。というのは、この町の人たちからマコモの栽培と利用について相談を受けるようになったからである。そして、何回か訪ねるうちにこの町の自然が好きになった。

こんな仲間との酒の席で、

「最近、東京まで高速バスで一時間半。五〇年前だったら一日がかりだった。便利になったもんだ。」

「それにつけても、このごろ自然がどんどん変わってしまい、水路も昔に比べたら、えらく汚くなったのには困ったもんだ。」

「昔の潮来はもっと情緒があった。」

「今どきの若い者は、潮来の昔からの景色をもっと大事にしてくれなくちゃ。」

「還暦すぎの俺たちの知恵とパワーがまだ必要かもしれねぇ。」

こんなことをいって気炎をあげた。ここで昔といっているのは、せいぜい四、五〇年前のこと。年寄りの冷や水とばかりはいえない。

そこで、今ではいっしょになってマコモの栽培や加工品の開発だけでなく、潮来の原風景は何だろうと、お互いに考えてみることになった。

この町は、もともと北浦と常陸利根川が合流する行方台地の最南端に位置する。昔は東北、北海道からの船荷を積み換えて利根川、江戸川を通って江戸に行く船溜として栄え、夜ごと歌舞音曲でにぎわったそうだ。

写真2-1　川岸にみられるマコモの群生

町の花はアヤメ、町の木はポプラ、町の鳥はヨシキリ、それらに代表される自然豊かな水郷として知られている。しかし、潮来駅のホームから眺めた潮来町は、整然とした水田と水路、都市化した家並み、コンクリートで固められた川岸、便利な高速バスや自動車の波が目について、水郷の町、潮来らしい静けさが感じられない。

それでも、六月のあやめ祭りの季節には、あの「潮来出島の真菰の中に、あやめ咲くとはしおらしや」のあやめ踊りでにぎわう。この歌詞がちょっと気になって苦言を呈した。水生のマコモのなかにいっしょに乾生のアヤメが咲くはずがない。牧野富太郎の『植物一日一題』のなかでも同じような指摘があった。あやめ祭りの主会場には、公称アヤメ一〇〇万株とあるが、実際にはカキツバタやハナショウブだった。

ちなみに、この町にちなんだ民謡や演歌を拾ってみたら、

潮来甚句　大漁節　潮来子守歌　潮来あやめおどり
大利根夜舟　潮来育ち　大利根仁義　潮来舟
潮来船頭さん　女船頭さん　潮来の雨　潮来花嫁さん
船頭小唄　船頭可愛や　流れの舟歌　潮来夜舟

なんと一六曲もあって、驚いた。しかも、この歌詞のなかに歌い込まれている植物の種類をみたら、マコモが一一曲、アヤメが七曲、ススキが三曲、ヨシと町の木ポプラを歌った曲はなかった。

こうしてみると、マコモとアヤメこそ、この町の原風景を構成する代表的植物といって差し支えないだろう。しかし、最近その野生のマコモやハナショウブが少なくなってしまった。

潮来の原風景といっても、植物だけではない。それほど古い時代を指しているわけでもない。せいぜい五〇年そこそこ、第二次世界大戦以降に失われてしまった、潮来の自然と人のかかわり合いを呼び起こして保存できないだろうか。今生きている年寄りが生活のなかで無造作に切

り捨ててしまった、農具、民具、民話、民謡、演芸、祭事（先住民が生活のなかで残した祭祀や生活様式）、伝統行事から植物を含む風景にいたるまで掘り起こして、子孫に残したいものである。

マコモの研究会を潮来で開いたときのことである。ちょうど日本にマコモの調査で来日していたミシガン大学のエルキー教授夫妻と、いっしょにマコモの種子採りに出かけた。乗船場から水門を通って一二橋をめぐり、水田の間の細い水路に入る。舟がエンジンを止めた。船頭さんが、棹一本で巧みに船を進める。両岸のマコモがフェンスのように音をさえぎり、さすがに静かだった。

真菰刈童がねむる舟漕げり　（水原秋桜子「水郷の夏」より）

こんな景色に、水車（みずぐるま）（この地方独特の揚水機）、娘船頭さんの棹さすさっぱ舟、マコモのなかに咲くハナショウブ、ヨシキリの鳴き声が聞こえてきたら、まさに潮来の原風景といえよう。この日の船頭さんは六〇歳すぎだったが、元気だった。この道五〇年のベテランだという。帰路、この真菰傘（まこもがさ）がよく似合う船頭さんが得意の美声で「潮来育ち」、「潮来甚句」「潮来花嫁さん」を続けざまに歌ってくれた。このころになると、「マコモ」という発音を聞き取ることができるようになったエルキー夫妻が、いっしょに声を合わせて手拍子を打ってくれた。それは、思いがけず豊かな時間だった。

野遊び

東北地方は山菜の宝庫である。種類もさることながら、その保存、調理法にもたけている。秋田平野の米所は、一番草を取り終わる六月になると、そろそろ鹿島信仰の中心の行事である鹿島祭りの準備が始まる。鹿島祭りは東北、とくに秋田県各地に残る夏の風物詩だ。主役の鹿島様は武者人形で、昔からマコモの茎葉でつくる。五〇年ほど前までは、この材料集めは各家の男の子の仕事だった。

鎌を担いで、マコモを刈りに行く子供に向かって、母親が必ずといっていいほど、

「ガツギネッコ（マコモの根）も持って来い」

と、声をかける。

ガツギ、ガヅギとは秋田県のこの地方でマコモの方言名である。この時期のマコモは背丈を

超えるほどに伸びている。もとの方の、葉鞘（ようしょう）に包まれた五～六節の若い茎は半ば泥のなかにあって伸び始めている。葉のもとの葉鞘を剝いていくと、中心に五センチほどに伸びた薄黄色の若い葉が何層にも重なっているのがみられる。茎の先端部である。私たちはこれをマコモノメと呼んでいる。古くは、菰筍（こじゅん）、菰菜（こさい）と呼んでいた。口に入れて嚙んでみると、柔らかく、ほのかな甘味と香りがあって、生でも食べられる。

写真2-2　マコモ刈り

七月では遅すぎる。鹿島祭りの前なら、ちょうどいい旬の山菜だ。半分に縦割りにしたガッギネッコと小さく角切りした豆腐を入れたみそ汁がガッギジルである。なかなかいけるそうだ。私は食には貪欲で、人一倍好奇心が強い方であるが、残念ながら、まだガッギジルは味わっていない。しかし、土地の人にいわせると、ガッギジルをはじめて食べた人は、皆目を丸くして、

「これがあのマコモノメですか。なかなか上品な味ですね。」

と、驚くそうだ。

六月中旬が旬である。この時季をすぎると、固くなって味も落ちるという。

昨年（一九九九）、七月の末に鹿島祭りの行事をみたくて秋田県南東部の大雄（たいゆう）村を訪ねた。ここは雄物川流域で、もともと「田村ねっこ」と呼ばれる泥炭層に水田を開いたところ、秋田米の穀倉の中心地である。隣の平鹿町には、ガッギ沼という地名が残っているところからも、この付近は、かつてマコモやヨシが密生した湿原だったのだろう。

西四津屋部落の小松田さんは、マコモを材料にした鹿島人形づくりの数少ない伝承者である。実際の人形のつくり方をみせてもらった後、「農業構造改善事業のためにマコモの自生地がめっきり少なくなった」といいながら、車で一五分くらいかかる田んぼの脇の水路に案内してくれた。

このあたりのマコモはさすがに草丈がゆうに二メートルを超え、葉色も鮮やかだった。小松田さんは、野遊びの名人でもあった。鎌で根元から刈り取って、慣れた手つきで葉鞘を剝していくと、なかから薄黄色の幼葉に包まれたマコモノメが現れた。

「食ってみれ。」

差し出されたそのマコモノメは、ほのかに甘く柔らかだった。

つぎに根元に近い節間が伸びた茎を縦に割った。薄紫の膜状の隔壁で仕切られた小部屋を指

しながら、

「ほたるいれっこで、遊んだもんだ。」

と、子供のころの話をしてくれた。

「けむっこ知ってるけ。」

「いがっぽくて。いがっぽくて」

写真2-3　マコモノメの水煮缶詰

子供のころ、マコモズミを口に入れて吹いて遊んだことを話してくれた。遊んでいるうちに、とうとう口のなかが黒穂胞子で粉っぽくなったという。つぎつぎと野遊びを教えてくれた。

帰路、このガツギネッコの水煮の缶詰を手に入れた。缶を開けるのが惜しくて、しばらく、そのままにして大事にしていたが、二カ月後、我慢できずに開けた。缶のなかのガツギネッコは、長さが五センチくらいで、柔らかく、アスパラガスのような食感だった。

このあたりには、山菜を缶詰にしてくれる缶詰加工業者が何軒もある。ガッギネッコを持ち込むと、水煮して缶詰にしてくれるそうだ。旬は短いが、缶詰にすると、一年中、天ぷらやみそ汁や、すまし汁などの具として使えるそうだ。

マコモノメは昔から旬の珍味だったらしい。『古今著聞集』（一二五四）によると、全京大夫顕輔青侍との連歌に、

たたみめにしくさかなこそなかりけれ
　こものこのみやさしまさるらむ

という酒の歌がある。おそらく、「酒には畳和布（たたみめ）に勝る肴はないが、マコモノメだけは格別だ」とでも訳したらいいのだろうか。畳和布は、ワカメを集めて薄く伸ばし乾燥させたもので、おつな酒の肴だが、こものこ（菰の子）といえば、何よりのもてなしだというのである。

その後、山形県の酒田地方に「ガッキ餅」があるということを聞いたので、マコモノメを餅のなかに搗（つ）き込むのかと思って調べてみたら、餅雑煮にマコモノメを入れたものだった。しかし、それも今ではやっていないという。大分県にある薦神社では、毎年二月一一日の祭礼のとき、マコモの葉を粉にして餅に搗き込んだ「マコモ餅」を参拝者に配るという。

忘れられた穀物

アジアの各地に自生するマコモは、八〜九月ころに穂が出る。花序は円錐状で、雌雄別々の小穂からなる。花序の中央分枝の上半部が雌性小穂、下半部が雄性小穂である。小穂は二枚の穎（えい）からなり、雌雄で形が違う。雌性の小穂は線形で芒（のぎ）があり、長さ一八〜二五ミリ、雄性小穂は披針形（ひしんけい）で無芒または短芒がつき、長さ八〜一二ミリ。秋季、長さ三センチくらいの穎果（えいか）を結ぶ。結実した穎果は脱落しやすい。この穎果を脱穀すると、長さ四〜七ミリ、外側は黒褐色、なかは白い、いわゆる実（み）が得られる。わが国ではマコモノミ、茭米、菰米、佐牟古米などと呼んでいる。

中国では、茎葉がしぼむころに収穫するという意味から彫胡米、茭米、彫蓬、彫瓜、安胡、彫胡米と呼び、食用にした。今でも正月に食べる習慣が残っている。茭白子などといって生薬として利用している土地もあるという。英語ではマンチュリアン・ワイルドライスということは、先に述べた。

じつは、古い呼び名の「佐牟古米（サムコマイ）」の語源がしばらくわからなかった。『本朝食鑑』（一六九二）をみると、中国における「彫胡米」にサンコヘイと振り仮名があった。おそらく、この音に合う佐牟古米という字を当てたものではなかろうか。

マコモノミは種皮が黒褐色で内部が白く、古代米である黒米に似ているが、ずっと細い。わが国では昔から餅にしたり、米とあわせて粥にして食べたという。油分と香りがあって白米とは違った食味である。稲作が伝来する以前には、穀類のひとつとして利用されていたにちがいない。しかし、マコモの実（み）を採取するのはたいへんである。よほどいい条件のときでないと、花も実も落ちやすく、また黒穂病にかかると穂が出ない。食料にするほど、実を集めるのは容易でない。

『大和本草』（一七〇九）をみると、「日本には米のような実のなる菰（マコモ）あるを聞かず。一種は鄭樵か所謂黍蓮は実のらず、国俗マコモと称す」とある。

『重修本草綱目啓蒙』（一八四四）には、「秋になって高さ三、四尺、上に長い穂が出来て二尺あまり多くの花が集まって淡竹葉花（ササツクノハナ）のようで、実を結ばない」とある。さらに、「花の後で実を結ぶものを、とくにハナガツミという」と記されており、やはり、実がつきにくいという。

『採薬使記』（一七五八）には、「照任曰く、奥州のマクナイという所に生えているマコモは燕麦によく似た実をつけ、また紀州熊野本宮でも菰米を産するが、他の所のマコモは穂がみられず、また実をつけない」とある。

これらの記述からも推測できるように、古くは、マコモには実のなるものとならないものがあるようにいわれていたらしい。しかし、そんなことはない。黒穂菌が感染した株でなければ、穂が出て花が咲き、実ができるはずである。確かに、花や実は落ちやすく、実際、野外でマコモの実を集めようとすると意外に苦労する。古代人が食料にするほどの量の実を採ることは想像以上にたいへんなことだっただろう。また穂がみられない株とあるのは、黒穂菌が感染した株だったかもしれない。

写真2-4　マコモノミ（マンチュリアン・ワイルドライス）

『利根川図志』（一八五七）五の「根山神社」の項に、「北須賀村門河といふ所にあり牛頭天王を祭る此所鳥猟第一の場と云ヤツギリ網にて捕る（ヤツギリは谷残張切と云義なり）此辺の沼に真菰多し。水鳥はマコモの実を好てあさる者也。マコモの実は麦の如き物にして人是を食すと詩仏西遊詩草に云。美濃国今尾村の足立氏の宅で菰米を食う。菰米のことを書いてある書物には、屈原から唐宋の詩人までその美を云う者多し。わが国ではマコモの実をほめた者がいない。自分もこれを初めて食べてみたので、その様子を記すと、蕎麦より淡く、黍より香りがよく、初めての味、水郷に生えているを知る君の家に行かなければ、一生菰粱があることを信じられない（菰米一名菰粱）」とある。

要するに、わが国ではマコモノミをうまいといった者はいなかったようである。しかし、『利根川図志』を著わした赤松宗旦義知は、試食したところ、色は蕎麦(そば)より薄く、黍(きび)よりも香りがあったという。

しかしながら、マコモの利用については、隣国の中国の方がわが国よりはるかに古い歴史を持っている。古代には六穀のひとつに数えられて珍味とし、また熱のため苦しみ、手足が熱くて気持ちが悪いときや酒毒を分解し、渇を止め、健胃の効能があるので薬用にしたという。

わが国の縄文時代末期に当たる、中国の周の時代に書かれた『周礼』という本のなかの「食医」の条に、「牛は稌（ウルチ米）に宜し、羊は黍（モチキビ）に宜し、豕（ブタ）は稷（ウルチアワ）に宜し、犬は粱（アワの一種）に宜し、雁は麦に宜し、魚は苽（マコモノミ）に宜し」とあり、すでにこの時代に魚とマコモノミの組み合わせが美食家の羨望の的だったことがわかる。さらに「膳夫」の条には、「六穀とは、稌・黍・稷・粱・麦・苽なり。苽とは彫胡

（マコモノミ）なり」と記されている。

中国では、少なくとも三世紀ごろまでは、マコモノミ（菰米、菰飯）は貴重な食料であったのだろう。ところが、六世紀になると新しい食材や料理法ができて、マコモノミを美味とは認められなくなり、さらに、一〇世紀をすぎると、次第に救荒のための食料になり下がった。こうして、中国でも、マコモノミは珍味から救荒食に下落して、人々から忘れられる運命をたどることになった。

黒い白鳥

毎年一一月になると、冬の使者、白鳥がシベリアからやってきて、冬の到来を告げる。水面を悠々と泳ぐその姿は冬の風物詩である。遠路はるばるお疲れ様と声をかけたくなるのも、美しい姿ゆえかもしれない。

長旅で疲れた翼を休め、まず栄養補給だ。水中に頭を突っ込み、お尻を空中に突き立て、逆立ちして泥のなかをあさる。なかでも白鳥の好物はマコモの芽だ。この季節の白鳥は頭も首も泥で薄汚れてみえる。黒い白鳥がみられるのは、水底の泥のなかに好物がある証拠である。

近ごろ、マコモの越冬地に白鳥の餌が足りなくなったという。人間が栄養豊富な餌付けをして、白鳥たちを観光資源にしているところがある。このような地域では、白鳥が泥のなかをあさらないから、真っ白だそうだ。春になっても、シベリアに帰らずに居ついてしまった白鳥もいるという。テレビで伊豆沼が放映されたとき、薄汚れた白鳥が確かに目立った。宮城県の伊豆沼や山形県の最上川の河口近くのスワンパークでは、小学生が白鳥のためにマコモの苗を田植えのようにして植えている。

人と白鳥が共存するためには、餌付けより白鳥が黒く汚れながら、泥のなかのマコモの芽をあさる方が望ましい。人の側の都合で、野生の動物を不用意に餌付けすると、微妙なバランスの上に成り立っている自然の生態系を壊してしまうことにもなりかねない。

ニカメイガはマコモがお好き

ニカメイガはイネの害虫で、ニカメイチュウともいう。もともとは野生の植物を餌にしていたが、イネの栽培が広がるにつれて分布を拡大したと考えられる。ニカメイガは、イネ以外にマコモ、ヨシ、ジュズダマ、イヌビエ、サトウキビなど多くの種類のイネ科植物を食べる。しかし、自然界ではマコモを好んで食べている。

牧、山下ら（一九五六）は、マコモ、ヨシ（アシ）、イネを餌にしてニカメイガを飼育する実験をしている。それによると、イネ、ヨシ、マコモの順にニカメイガの成虫の体が大きくなったという。また、その反対に、ニカメイガのマコモ集団をイネで飼うと体が小形になり、イネ集団をマコモで飼うと大形になることも確かめられた。高井（一九七〇）は、野外で誘蛾灯に飛来するニカメイガの成虫を調べた結果、小形のものと大形のものの頻度分布が別々の山となったことから、一匹のニカメイガがイネとマコモの間を行ったり来たりすることがないと推論している。つまり、マコモが増えたからといって、イネのニカメイガの食害が増えることには結びつかないだろうということが推察される。

ニカメイガは、マコモタケを採るための栽培型マコモも食害する。野生のマコモは沖縄から北海道まで分布している。おそらく北海道にニカメイガが渡ったのは、イネが定着した一九〇〇年以降ではないかといわれている。

表2-2　寄主植物とニカメイガの発育比較

寄主植物	体　長（mm）	
	雌	雄
マコモ	15.1	13.3
ア　シ	13.1	12.8
イ　ネ	11.8	11.4

牧・山下、兵庫県農業試験場報告（1956）による

理由はわからないが、ニカメイガの幼虫は、夏から秋にかけてはマコモでよく育つが、春ではきわめてわずかしか生き残れない。卵をつけても、ほとんど死んでしまうという。ニカメイガは、もともとマコモを餌にしていたもので、イネが渡来してからイネを食害するようになったという考えが定説のようである。

とすると、ニカメイガにとって、マコモの方が好きである、栄養的にもすぐれているといったら、いいすぎだろうか。ニカメイガの嗜好性はどうなっているのだろう。

田付（二〇〇〇）は、合成ホルモンを用いて、野外におけるニカメイガの雄虫の誘引試験をしている。その結果、イネの個体群を用いて同定された性ホルモン成分に基づくフェロモン剤にマコモ群落由来の雄虫が多数捕獲されることを確かめた。すなわち、両個体群の間には性ホルモンによる生殖隔離は存在しない。また最近、両個体群の有機リン剤感受性に差があることから、遺伝的に隔離されているのではないかと考えられ、両個体群間の交尾行動にも違いがあることが見いだされている。これらの実験からも、マコモ群落はイネを加害するニカメイガの発生源になるので注意するようにいわれてきたが、これは無用な心配ということになる。

最近、ウラジオストックの植物研究所から、極東シベリアにおけるマコモの分布についての資料を入手することができた。これによると、アムール川、ウスリー川、シルカ川、アルグニ川の河川敷や沿海州に広大なマコモの群落があることがわかった。まだ、これらのマコモ自生地と白鳥の棲息について何もわかったわけではないが、このあたりのマコモが、日本に渡来する白鳥の夏季の餌になっていると推測している。白鳥やニカメイガの食餌経験が嗜好性という形で脳のどこかに残っていることはないだろうか。

マコモ健康法

マコモノミは、有史以前からわれわれの先祖が食料として、ある時は珍味として利用してきた。やがてその地位は米に取って代わられた。しかし、葉や根とともに民間薬としての役割をも持っていた。

マコモノミは菰米、葉は菰葉、根は菰根といい、『和漢薬書』（一八九一）によると、「実は解熱、整腸、葉は歯を養い、のどの渇きを止める。根は無毒で、止小便利、解毒の作用をもち、のどの渇き、胃腸病、胸やけ、やけどの傷、毒蛇にかまれた時、二日酔いなどの卓効あり」と述べられている。しかし、このような効能に対して、科学的に明確な説明はできていない。

角田（一九八一）は、生薬の薬理学を専攻し、後に弘前大学名誉教授、国立弘前病院名誉院長を務めた人で、マコモの葉、すなわち菰葉について薬理学的研究をおこない、その成果を『驚異の原生真菰健康法』という普及書に、多くの体験談をまじえてまとめた。以下は同書からの引用である。

当時、神奈川県総合リハビリテーションセンター七沢病院診療部長をしていた和合（一九七八）は、医療専門誌『最近の医学』に、マコモの効能を体験談として発表した。そのころ、和合は原因不明の偏頭痛に悩まされていたが、マコモ粉末を継続的に服用することによって完治したという。その効果について、（一）腸内細菌叢のコントロール、（二）アミン、とくにヒスタミン産生の抑制、（三）精神安定、（四）解毒などの作用を挙げている。

角田は、八年にわたるマコモの薬理学的研究の結果から、マコモ粉末について、つぎの七項目の薬理学的特徴を明らかにした。

（一）毒性がない。マコモの熱水抽出エキスを皮下、経口投与したが、死亡例はゼロ、いわゆる急性毒性は認められなかった。

（二）血圧をコントロールする。高血圧症ラットで脳卒中、心臓発作を予防し、コレステロール値を正常にした。

(三) ホルモンの分泌を旺盛にする。とくに副腎皮質細胞の肥大増殖、リンパ球の増大とガン細胞の働きを積極的に抑制した。

(四) 免疫、抵抗力が増大する。動物実験の結果では、通常の補体価(免疫、抵抗力を発現する体液成分の量)は三〇〜五〇であるのに対してマコモエキスを与えた場合の補体価は八八になった。

(五) 血液をきれいにする。マコモの繊維質の働きによって血管につまった老廃物や毒素が排除され、血行がよくなった。それまで濁っていた血液をきれいにする作用があることが確認された。

(六) 悪性腫瘍の増殖を抑える。マコモエキスをモルモットに注射したところ、ほとんどの腫瘍が増殖せず、明らかに腫瘍を抑制していることがわかった。マクロファージ(大食細胞)が活発化し、細菌、ウイルスの感染を予防する働きが認められた。

(七) 血糖値を低下させる。糖尿病の主たる要因は自分の力でインシュリンの分泌を旺盛にできないことから、血糖値が高くなり、糖尿病を招くのである。マコモエキスを与えたところインシュリンの分泌が旺盛になって、血糖値を下げる作用が認められた。

マコモの用法として、(一) マコモ粉末をそのまま服用、またはお茶代わりに飲む。(二) 熱水抽出エキスの服用。㈢外用の場合は、マコモ粉末をそのまま、または水で少しかために練って皮膚、粘膜の炎症部に塗布または湿布する。㈢マコモ粉末三〇〜五〇グラムを入れてまぜたマコモ風呂はよく温まり、皮膚を清浄にし、水虫のような白癬症によく効く。

以上が角田による研究の概要である。ただし、マコモの効能の決定的成分が何か、また成分中の二、三の物質の共同作用による結果か、そしてその応用方法が現在のままでよいかなど、まだまだ未知の問題が多くある。

今日、天然物の分析、抽出技術の進歩はめざましいが、それでも伝承薬のようにその効果を物質としてとらえられない場合もあるのが現状である。しかし、経験的に健康に資することができれば、それでもいいと思う。このマコモ健康法に過度の期待を持つことはよくないが、健康法のひとつとして試してみるのもよいかもしれない。

3　マコモと黒穂菌

奇妙な野菜

ヘニングス（Paul Christoph Hennings, 1841–1908）は、ドイツ生まれの有名な菌学者である。一八九七年ころ、ベルリン植物園で菌類の分類学的研究に没頭していた。ちょうどそのころ、わが国の菌類研究は黎明期（れいめいき）であった。当時、日本からは三好学、白井光太郎らがドイツへ留学して、多くの菌類学者と交歓していた。この二人を通じて、草野俊助、南部信方、吉永虎馬らの先覚者が、日本各地で採集した多数の菌類標本をヘニングスやディーテル（P. Dietel）、シドー（H. Sydow）などのドイツの専門家に直接送って種を同定してもらっていた。

ヘニングスは、熱帯アフリカ、アマゾン、インド、日本、ニューギニア、ベトナムなどの寄生菌類を研究していた。ことのほか、アジア産の菌類に興味を示し、日本産のサビ菌六五種を新種として記載したのも、ちょうどこのころである。実際に、たまたまヘニングスがベトナムのハノイ市の青果市場でこの奇妙な野菜をみたのか、あるいは、標本を送ってもらったのか、ヘニングスとマコモとの出会いの詳細についてはわからない。そこで、彼がマコモタケをはじめてみたときの印象を勝手に想像してみた。葉の形から、サトウキビやイネと同じ仲間の単子葉類であることは間違いない。しかし、ヘニングスにとっては、はじめてみる野菜であった。長さ一五〜三〇センチ、いちばん太いところで三〜四センチ、頭と基部が細くなっている。割ってみるとなかは真っ白で、数個の節があってかすかに甘い香りがした。細長い竹の新芽（タケノコ）のようでもあった。

この見慣れない野菜は、アジア原産のマコモの茎が異常に肥大したものだった。しかも中国からアジア一帯にかけて古くから栽培され、食用にしていると聞いて、ますます彼は興味がわいてきた。葉鞘(ようしょう)に包まれた肥大茎は日が経つにしたがって、内部がアメ色から淡褐色と、次第に濃くなって、終には黒灰色、粉状になる。こうなると、もちろん食用にはならない。

その粉を顕微鏡でみたヘニングスは、それが黒穂菌の胞子であることを知り、驚いたにちがいない。これまでみてきた黒穂菌は、花器、とくに子房を侵して黒穂になるのが普通であった。黒穂菌のなかには、花器だけでなく、茎、葉、根まで侵す種類も知られているが、このマコモのように穂になるべき花茎の先端が肥大して、その内部に胞子をつくる黒穂病はめずらしかった。菌えいのなかにできる胞子が、外にばらまかれて、つぎの感染源になることはむずかしい。もし、感染が起きるとしても、穂が出る時期と合わないので、花器以外への二次的感染しか考

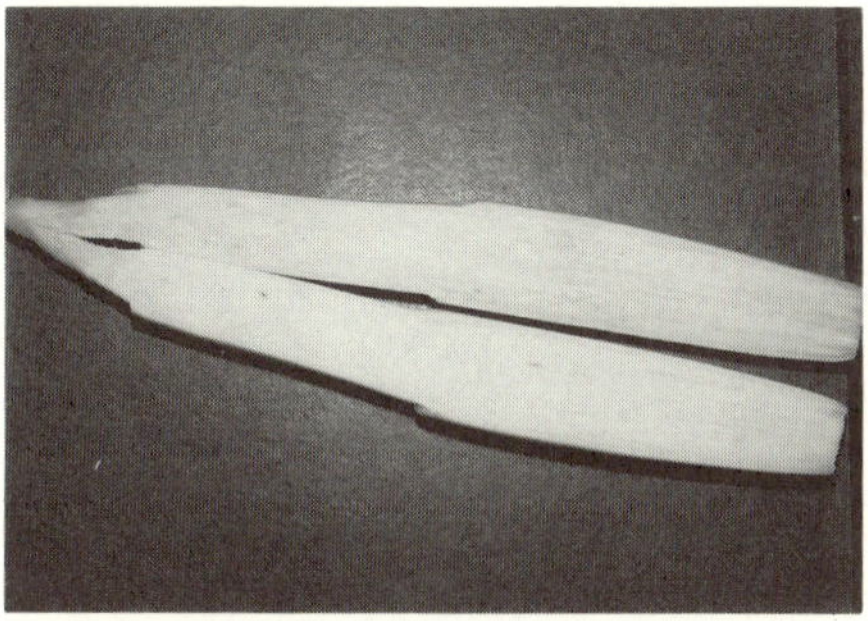

写真3-1　マコモタケ（断面）肥大した茎の中は白くみずみずしい。

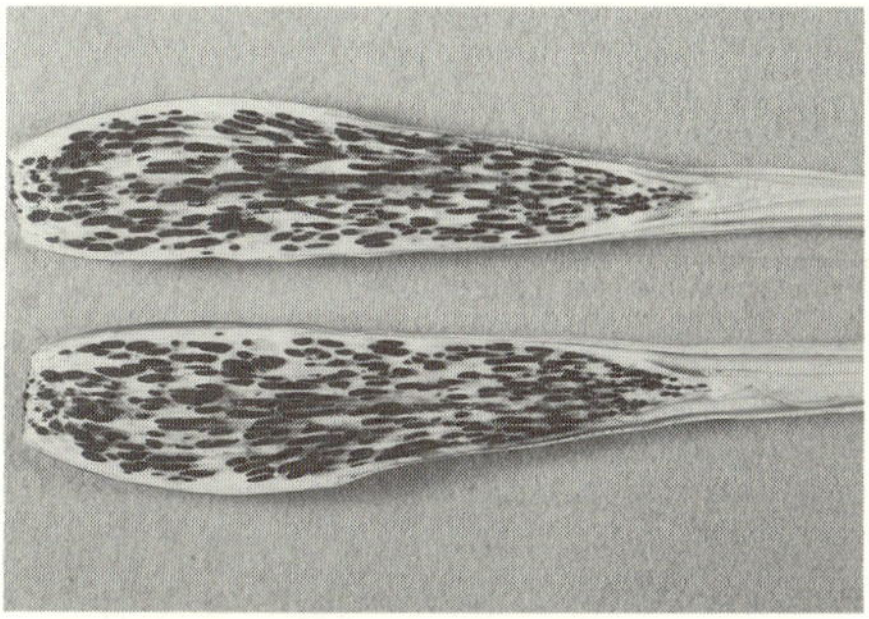

写真3-2　マコモズミ（断面）仕切られた小室の中に胞子が充満し塊になっている。

えられない。

この菌の大きな特徴は、仕切られた小室のなかに、胞子が充満し塊になっていることである。この小室はもともと菌糸がいっぱい入っていて、専門的には菌糸窩（きんしか）と呼ばれている。一見すると、各胞子塊は子房あるいはほかの花穂の変形したもののようにみえる。もしかしたら、ヘニングスも、最初、花序が変化したものだと思ったかもしれない。

タケノコのようにみえたものは、黒穂菌の寄生によって幼茎が異常に肥大したもので、専門語では菌えい（ファンガル・ゴール）という。トウモロコシに黒穂菌が寄生すると、大きな菌えいができることはすでに知られていた。俗にいう「お化け」のことである。ヘニングスは、これまでマコモの黒穂菌についての記録がなかったので、一八九五年、新種として記載し、*Ustilago esculenta* P. Henningsとラテン語で命名した。これは、ベルリン植物園の専門誌に「新しく、興味がある菌類」として公表された。この学名は日本風に読むとしたら、「ウスティラゴ　エスキュレンタ　ヘニングス」といえばいい。名前の由来は、「食べられる黒穂菌」という意味である。

筍はマコモの茎

写真3-3　街頭のマコモタケ売り

桂　琦一（一九〇九～一九九三）は、植物病理学者で疫病の専門家である。若いころ、中国の東北地方で作物の病害虫の研究に従事していたが、後になって、そのころの思い出を、『虫と菌（くさびら）』（一九八二）という一冊にまとめて出版した。軽妙なタッチで書かれたこの本は、専門外の人まで植物の病気や虫の世界へ引きこんだ。そのなかに、「中国の筍はマコモの黒穂病罹病茎」という一文がある。罹病茎をわざわざ仮名をふって、「りびょうくき」と読ませるあたりはちょっと気取っているが、文章がおもしろかった。

中国語でマコモタケを茭白（ジャオパイ）とも、冬笋（トンチョン）ともいう。冬笋は古い呼び名と思っていたら、北京では今でも使っている。

筍は竹の子、つまりタケノコではない。『北京年中行事記』という本をみると、一〇月の項の最後のところに、冬笋（トンチョン）という言葉が出ている。この笋は辞書を引いてみると、筍のことである。しかも注として、「冬笋がはじめて北京に到来したら、崇文門の監督は通例として天子に進呈する」、つまり冬笋の初物が市場に出てくると、まず天子様に献上する。崇文門とは北京の南の城壁の門で、南から運ばれてきた冬笋は、北京ではめずらしかったにちがいない。しかし、この冬笋は、なんだろう。北京の近くには竹林がない。しかも一〇月に竹の子が出まわるのもおかしい。

ある年の秋、桂は市場ではじめて冬笋、つまり筍をみた。

そのときの印象を、「頭と基部が細くなって、なかほどが太く、しかも竹の皮をかぶっていない。裸であって節がすべて露出していた。奇妙なタケノコだった」といっている。

ヘニングスやヴァヴィロフだったら、どんな印象を持ったことだろう。

ともかく、一本買い求めたが、持てあましたという。酢味噌をつけてかじってみたが、お愛想にもおいしいとはいえなかった。皿に載せたまま戸棚に入れておいたという。

翌日、奥様が、

「黒いかびが出てきたから、もう捨てましたょ」

という。これを聞いて、さすがに微生物の専門家である。かびと聞いたら、放っておけない。屑入れから拾い出してよくみたら、黒穂菌だったというわけだ。タケノコに黒穂菌がつくはずがない。

しかし、これはちょっと奇妙な話である。一見して黒穂菌とわかるのには、胞子ができていなければならない。翌日ではない。もしかしたら、数日たっていたのかもしれない。

北京の南の郊外は華北湿地だ。たぶん、そこにマコモが生えていれば、秋になって節から出てくる茎がタケノコになる。ただ、もし生えていたとしても野生のマコモではない。食用に売っているのだから、マコモを栽培しているとしか考えられない。竹のタケノコは五月に出るのに対して、マコモのタケノコは一〇月に出る。そこで区別して冬筍といったらしい。

日本では、マコモの黒穂病の菌えいを、俗に「マコモの根墨」とか、「マコモノネズミ」、あるいは「マコモズミ」と教科書に書いてある。私はマコモノネズミと教わった。中国の市場に出ているものは、菌えいの形が大きく、野生のものとはかなり違う。

最近の中国の教科書には、マコモの栽培は古くからおこなわれていたが、マコモタケの生産が多くなったのは社会主義革命の成果であると書いてあった。第二次世界大戦前に上海に住んでいた人の話では、上海あたりでもマコモタケをあまりみかけた記憶がないということだった。北京では、まだまだめずらしかったにちがいない。

マコモタケは癖のない、淡泊な味である。おいしく食べられるように料理するのが中国料理の真髄である。因みにモロコシ（コーリャン）の黒穂菌の菌えいを「烏米（ウーミー）」といって売られていた。これは酢味噌をつけたら、結構ビールに合ったという。モロコシが多い中国の東北地方では、八月末ころ、子供が「ウーミー、ウーミー」という呼び声を上げて売りに来たそうだ。ちょっとした季節の風物詩だ。

あるとき、中国の東北地方から来ていた留学生が夏休みで帰国するというので、モロコシの黒穂病をみつけたら写真にとって、ウーミーを味噌漬けにしてお土産に持ってきてほしいと頼んだ。夏休みが終わって、久しぶりに大学に来た彼は手ぶらだった。済まなそうに、ウーミーがみつからなかったといっていた。モロコシの黒穂菌も今ではめずらしくなったのかもしれない。

黒穂菌のいたずら

長い歴史のなかで、人間はマコモという植物をいつごろから、どのようにして利用してきたのだろうか。古代人はマコモノミ（菰米）を穀類として食用にしたが、おそらく、その当時は黒穂菌が感染したマコモは穂が出ず、実がならないので、見捨てられていたにちがいない。

ところが、人間の食に対する欲望は限りなく広がる。黒穂菌によって実がならなくなった株をただ捨てはしなかった。秋になると、この感染株の茎が異常に太くなってくることに気づい

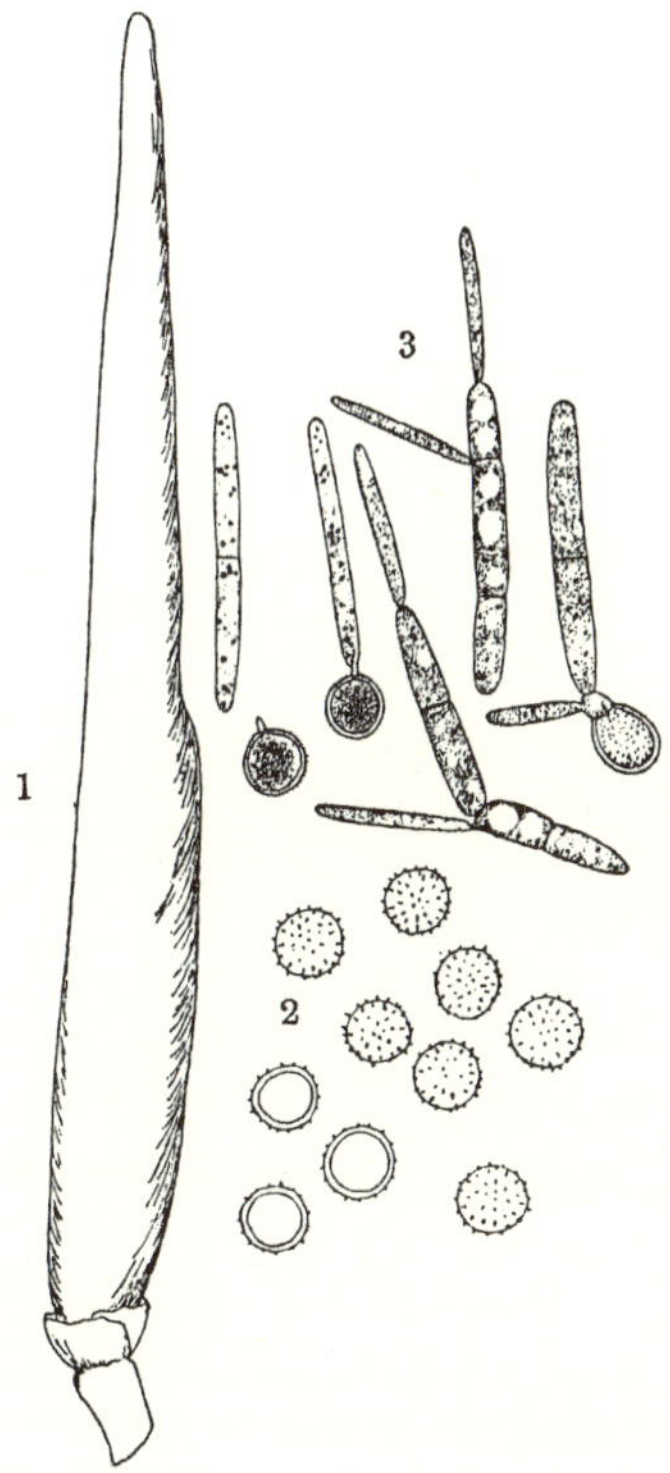

図3-1　黒穂菌（*Ustilago esculenta*）
1；菌えい、2；胞子、3；胞子発芽の状態（飴液中において3日後）、（『大日本菌類誌』II-1，1936より、1-2；本間氏、3；堀氏）

た。まるで秋の力こぶだ。早速、口に入れてみたら、ほのかな甘みがあって、ジューシーで今まで食べたことのない味がした。新しい食べ物の発見は、人の好奇心と最初に口に入れた人の勇気による。マコモタケが食用にされるようになった経緯も、きっとこんな風だったのだろう。

この黒穂菌の感染によって肥大した若い菌えいの内部を顕微鏡でみてみよう。マコモの異常に増殖した細胞の間を黒穂菌の菌糸が拡がっている。ところどころで菌糸がマコモの細胞に侵入している。これを細胞内菌糸という。明らかに、これは宿主細胞から養分を吸収する器官である。サビ菌など活物寄生菌にみられる吸器とよく似ている。この細胞内菌糸は細胞のなかで、曲がりくねり、枝分かれして成長する。

このマコモと黒穂菌の菌糸の関係を電子顕微鏡で拡大してみた。まず、マコモの細胞と細胞の間を拡がっていた菌糸の一部に、厚膜性の付着器のような構造ができる。そこから菌糸は同じ太さのままマコモの細胞に押し込む。結局、菌糸の細胞壁とマコモの細胞壁とが向かい合い、そのすき間には多糖類が沈着した吸器外基質が識別される。この吸器外基質とは、サビ菌などでみられる吸器包のうと機能的には同じもので、黒穂菌は、ここを通してマコモから養分を吸っている。

黒穂菌が分泌するインドール酢酸の刺激で花穂の原基が消失して、細胞分裂を促し、同時に同化養分が蓄積し、タケノコのような白い菌えいを形成する。ここまでは一種の共生関係にあるといえる。維管束の木部間隙は、菌糸が移行しやすく、菌糸が密に充満している空隙ができる。ここを菌糸窩（きんしか）といい、後に黒穂胞子が充満した胞子塊になるところだ。

わが国では、昔から若い菌えいを古毛豆乃（こもづの）、古毛布豆呂（こもふくろ）、ガンツルなどと呼び、中国では、茭白、冬笋、茭荀、茭手、茭瓜、菰手、白筍、水筍、菰筍、茭白筍、

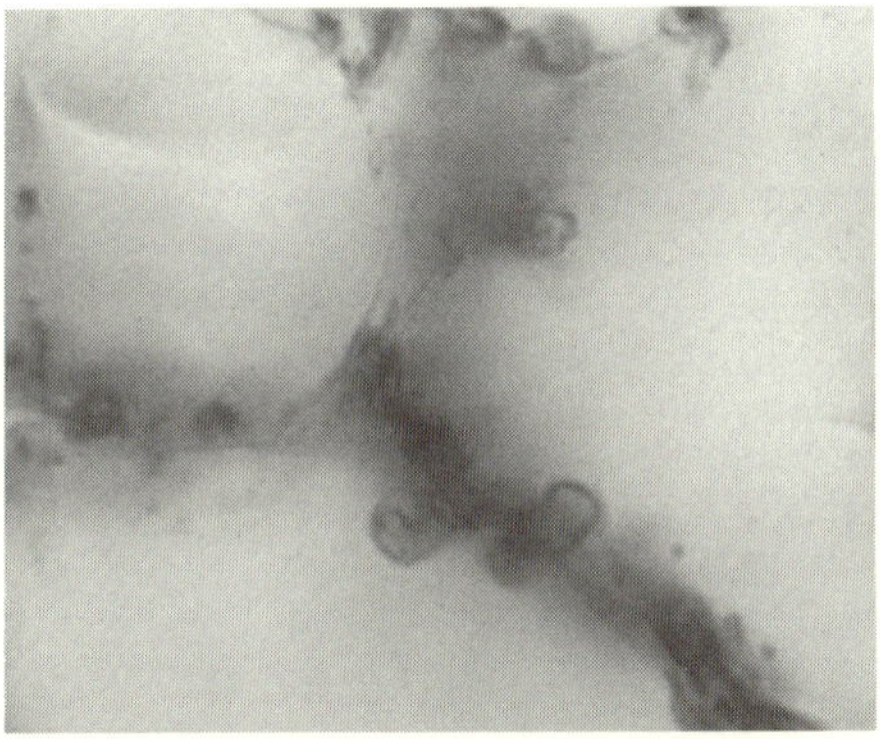

写真3-4　マコモタケ組織のなかの黒穂菌糸（光学顕微鏡写真）

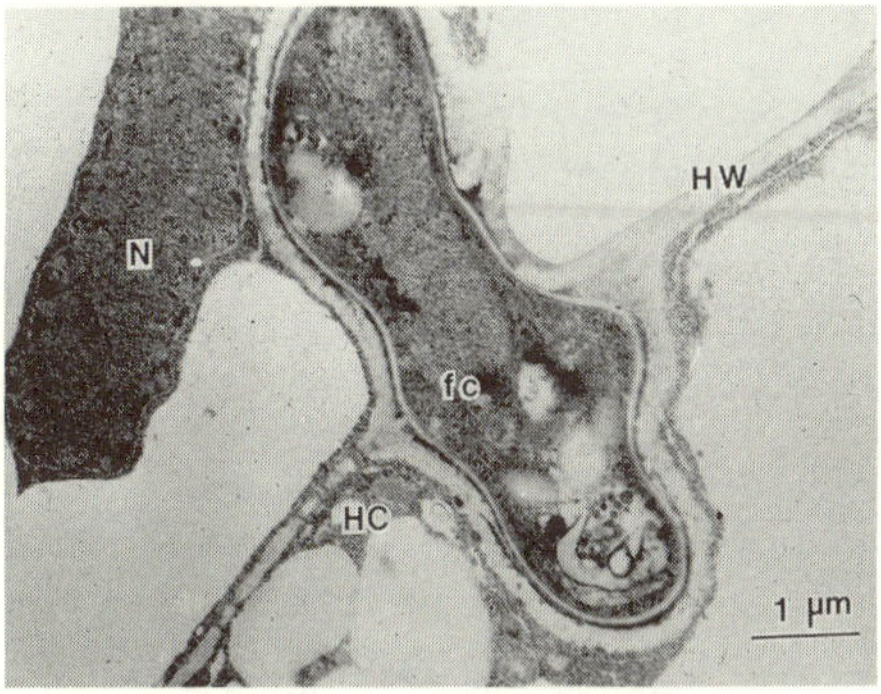

写真3-5　マコモタケ細胞に侵入した黒穂菌糸の微細構造（透過型電子顕微鏡写真）

脚白筍などと呼んでいる。今日、中国で栽培しているマコモは、野生株から選抜して改良したものである。

この栄養系（クローン）を栽培型といい、野生型に比べるといちじるしく性状が異なる。一般に、野生型のマコモは菌えいが小さく、数が多いが、黒穂胞子の形成が早いため、食用にはならない。

この食用にする未熟な菌えいをなんと呼んだらよいか。古い呼び名を使ってもよいが、古毛豆乃ではちょっと古すぎる。マコモは植物の名前だから具合いが悪い。イネの食用にする部位を米というのと同じように、植物名と別にした方がいいと思う。そこで食用にする部分を中国の呼び名「菰筍」、「茭白」から、日本ではマコモタケと呼ぶのが適当と考えた。当初、この呼び名は一般に馴染まず、マコモという植物名を使う人が多かった。しかし、新しい中国野菜の呼び名を統一したとき、マコモタケを使うようになって、ようやくこの呼び名が定着した。

マコモタケは収穫の適期をすぎると、菌えいの内部に黒穂胞子を形成する。こうなると、粉っぽくて、もはや食用にならない。このような菌えいを、わが国では、マコモズミ、マコモノネズミ、ハタチカヅラ、コモクラなどと呼び、中国では烏鬱、茭鬱、灰茭などと呼んでいる。わが国ではマコモズミというのが普通である。晩秋から初冬にかけて、野生のマコモから採取したマコモズミはよく乾燥してから、一〇本ずつ束ねて、昔は和物屋と呼ばれていた薬種商、顔料問屋、漆問屋を通じて工芸材料として市場に出まわる。日本では、昔、婦人が油といっしょにこれを練って眉墨にしたり、禿に塗ったりしたという。中国ではこのような菌えいを茭草黒粉菌といって薬用とする。乾かして保存し、熱のあるとき塩と酢を適量入れて煮て食べたり、その煮汁を服用するそうである。

マコモの栽培は中国の方が先輩である。いつごろ、どのようにして栽培されるようになったか。このあたりの事情については、胡道静著『中国古代農業博物誌考』（渡辺武訳、一九九〇）に詳しく述べられているので、参照していただきたい。

菰米（マコモノミ）は美味で宴席でも珍重されたが、ついには救荒食に下落してしまった。その原因がなんであったのかはわからない。ただ、黒穂菌の感染が、マコモノミの収穫に影響しただろうということは容易に想像がつくが、一方で、マコモタケという野菜を誕生させた。三世紀末に著わされた『釣賦』という書物によると、そのころ、すでに江南一帯でマコモのすぐれた品種が栽培されていたという。漢代の辞書『爾雅』には、「蘧蔬（きょそ）とはマコモのなかに生える土菌（キノコの一種）で、江東の人々は食用にし、その味は甜滑である」と注をつけている。

晋の時代、張翰という人は秋風が吹くころになると、郷里の蘇州のマコモタケ、ジュンサイのスープ、スズキのさしみが食べたくなって、急いで遠くから帰郷したという。

このことは何を意味しているか。中国では、三〇三年ころ、中原地方のマコモの栽培はマコモノミを採るためであって、マコモタケを採るための栽培ではなかった。しかし、江南では、すでにマコモタケを採るためにマコモの栽培が始まり、江東や蘇州あたりでもマコモタケを採るためにマコモの栽培が可能であったという。

南北朝時代、梁の文人、沈約（四四一〜五一三）は、マコモについて「結根（マコモタケのこと）は洲渚にあまねく、垂葉は湿地に満つ。かのジュンサイの蒸し物に匹敵する、以って上客を留むべし」と歌っている。目上の客をもてなす料理にマコモタケが使われていたというのである。この時代までに、栽培用のマコモの改良がかなり進んでいたと考えられる。

栽培型と野生型を比べてみると、草型、葉基の色、気孔の大きさ、分げつ数、節間、菌えいの形成位置、菌えい数、菌えいの大きさ、胞子形成の早晩などがいちじるしく違う。しかし、いずれも、葉に形成されるプラントオパールの形は、イネ科植物に共通のイチョウ型であった。

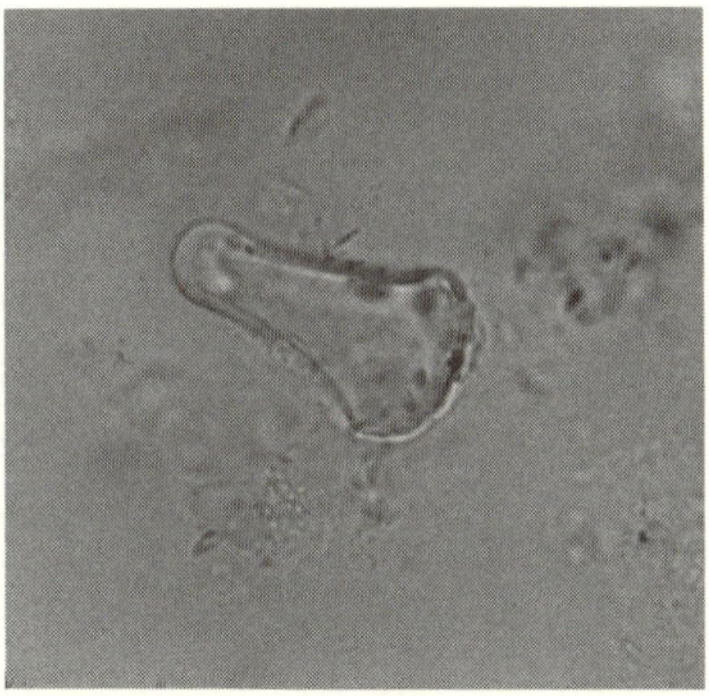

写真3-6（右） マコモのプラントオパール。イネ類と同じイチョウ葉型をしている。
写真3-7（左） 栽培型マコモに発生した野生型（先祖返り、右側の茎の色が濃いもの）

表3-1　マコモの栽培型と野生型の性状比較

形質	栽培型	野生型
草形	立形	伏形
葉数	9-10	8-10
葉の幅	広い	狭い
葉基の色	白	紅
気孔の大きさ	大	小
分げつ時期	6-8月	6-9月
分げつ数	小	多
出穂	なし	なし
節数	9-10	8-10
茎の節間	短・つまっている	長・伸びている
菌えい形成位置	低い・地際	高い・茎の頂部＊
菌えいの数	少	多
菌えいの大きさ	大	小
胞子形成時期	おそい	早い
プラントオパール	イネ型（イチョウ葉型）	イネ型（イチョウ葉型）

＊実生当年株では地際部

栽培型マコモの先祖返り

マコモは多年草である。したがって、一回黒穂菌が感染したマコモは、地上部が枯れても地下茎の組織のなかで菌糸の形で冬を越し、翌年茎葉が伸び出すとともに、菌糸が幼茎の先端部に移行して増殖し、ふたたび菌えい（マコモタケ）をつくる。

通常、栽培型のマコモは穂が出ない。ところが、栽培中に出穂し、茎の基部が肥大しなくなることがある。このようにマコモタケをつくらなくなった株を雄茭といい、マコモタケの栽培では、みつけ次第、抜き取ってしまう。

雄茭が出現する理由はよくわかっていないが、栽培を放任し手入れをしないマコモ田に出やすいという。おそらく、なんらかの原因で、黒穂の菌糸が移行、増殖しなかった幼茎に穂が形成されたものではないかと考えられる。確かなことは不明である。一度、沖縄の友人から雄茭と思われる栽培型マコモの穂を送ってもらったが、完全な花も実もみられなかった。

箕口（二〇〇〇）は、かねてから栽培型マコモの由来を研究していた。たまたま沖縄と中国の上海近郊から導入した二株の栽培型から野生型の特性を示す茎が伸びてきた。はじめは信じられなかったという。しかし、詳細に調べてみて、この現象が間違いないことに確信が持てたという。残念なことに、一株は絶えてしまった。これは、生物学でよくいわれる先祖返りの現象と思われる。中国の古代において、野生の黒穂菌感染株から選抜して現在の栽培型マコモができたといわれているが、その先祖のマコモが果たして現在東アジアに広く分布する種類と同一種であるかのかどうか、真偽のほどはわからない。

アジアに広大な分布域を持つマコモはただ一種である、というのが現在の定説であるが、これには、異論がないわけではない。今でも *Zizania caduciflora*（Turcz.）Hand.-Mazz. の学名を採用している研究者もいる。植物分類学者に尋ねたら、この植物の採集標本が少なく、まだ十分に調査ができていないという。マコモの分布域には、かなり気候、風土が違う地域が含まれているので、地理的変異があっても不思議ではない。まだまだ将来にわたって調査が必要である。

現在の栽培型マコモが、野生のマコモから選抜されたものであるという確かな記録がない以上、栽培型マコモの由来はあくまでも推測の域を脱しない。あるいは、先祖返りとも考えられるこの現象がもっと研究されると、今日の栽培型マコモがどのようにしてできたか、そのバックグラウンドが何か、明らかになるだろう。

鎌倉彫の古色づけとマコモズミ

漆工芸の技術は、かつて中国から伝わってきたといわれているが、最近の研究では縄文遺跡から漆を使っていた跡が証明されたという。ちなみに、英和辞典を開けてみよう。JAPANという単語を引くと、当然のごとく、名詞で「日本」とある。さらに「漆」、「漆器」、「日本風の細工物」、つぎに動詞で「漆を塗る」、「黒塗りにする」、「黒艶を出す」などの訳語が出てくる。今や漆工芸は日本を代表する伝統工芸である。

ところで、あの鎌倉彫のくすんだ色合い、古めかしさは、どのようにして出すのだろうか。鎌倉彫の歴史と鎌倉で開発された独特の古色づけの技術を紹介しよう。

鎌倉は今から約八〇〇年前、源頼朝が幕府を開いたところである。当時の鎌倉は武士による政治の中心地となり、それとともに、中国風の寺院が多く建てられた。ところで、このような寺院では、中国の彫漆器（ちょうしつき）という漆を何層も重ね塗りした上に彫刻を施した仏具が使われていた。その当時、鎌倉に多く住んでいた仏師たちは、この彫漆器によく似た仏具をつくりたいと考え、まず木の器に彫刻してから、その上に漆を塗り重ねる技術を考え出した。これが鎌倉彫の始まりである。

もうひとつの鎌倉彫の特徴は、漆の層に古めかしさと立体感をつける、いわゆる古色づけの技術の開発である。これは、もともと仏具を古めかしくみせるために、わざわざ煤や壁土の微粉粒を漆層に沈着させる技術で、鎌倉彫の初期からおこなわれていた。しかし、このような異物を漆の層に落ち着かせるのは容易でなく、失敗が多かったようである。

写真3-8　鎌倉彫の、マコモまきの作業。黒穂胞子による古色づけの工程

今から約一〇〇年前、仏師であった後藤斉宮（ごとういつき）（一八三八―一九〇八）は煤や壁土に代わる適当な材料がないか、いろいろと探していた。そして、古くから日本や中国で薬用や顔料として使われていたマコモズミに着目した。よく乾かしたマコモズミを崩すと、きわめて均一で、空気中でモヤと煙のように漂う灰褐色の黒穂胞子の粉が得られる。黒穂胞子は直径が六～九ミクロンくらいの大きさで、水面に落としてもなかなか沈まない。早速、漆に混ぜて板に塗ってみたり、漆の表面に吹きつけてみたりして試してみた。はじめは漆と馴染みが悪く、期待していた古めかしさが出せなかった。その後、斉宮は試行錯誤を重ね、やがて、今日でも使われ

ているマコモズミによる古色づけの技術を完成した。斉宮は鎌倉彫の老舗「博古堂」の創始者である。

鎌倉彫の塗り工程で、どのように黒穂胞子が使われているか紹介しよう。

鎌倉彫では、桂のような木目の細かい木地に、牡丹、梅、松、竹などの植物をモチーフにした模様を彫ったあと、木地固め、まき下地、下地塗り、中塗り、上塗りなど、漆を何層も塗り重ねる。この工程ごとに漆を塗った後、湿度、温度を調節した、漆風呂と呼ばれる密閉したところに入れて固化させる。

上塗りの工程では、生漆に朱色の顔料を混ぜてつくった朱漆をむらなく塗り、つぎのマコモまきの工程に入る準備をする。

よく乾かしたマコモズミから胞子を集める方法は、いたって単純である。マコモズミの表面を包んでいる葉鞘をナイフで剥がして、大根などをおろすときに使うおろし金でマコモズミを崩し、手で揉みながら細かな篩(ふるい)を使ってマコモの組織片を取り除いて、胞子だけを集める。このようにして集めた胞子は袋に入れて乾燥したところで保存しておく。

朱漆の表面が固化し始める。その表面が落ち着いて青息がかかるくらいになったときを見計らって、刷毛で黒穂胞子を表面に軽くまく。

この乾き具合を判断することを「乾口どり」という。もっとも熟練が必要な工程である。この黒穂胞子をまきつける作業を「マコモまき」という。乾口どりの善し悪しは、鎌倉彫の古色づけの仕上がりに微妙に影響する。職人のミクロの技術といえよう。この状態を走査型電子顕微鏡でみたところ、胞子が朱漆に食いこんでいる様子がよくわかる。もっともよい条件でまかれた胞子は、朱漆に半分から三分の二くらい沈んだ状態で漆が固まっている。

つぎに砥粉を水に溶かして布につけて朱漆の表面をこする。こうすると、表面に露出した胞子の部分が削り取られる。これを顕微鏡で観察すると、ちょうど、胞子が漆の表面にお碗を埋めこんだようにはまっているのがみえる。この作業を「研出し」という。

この作業が終わったら、その表面に生漆を塗っては拭き取る作業を数回繰り返す。生漆が割

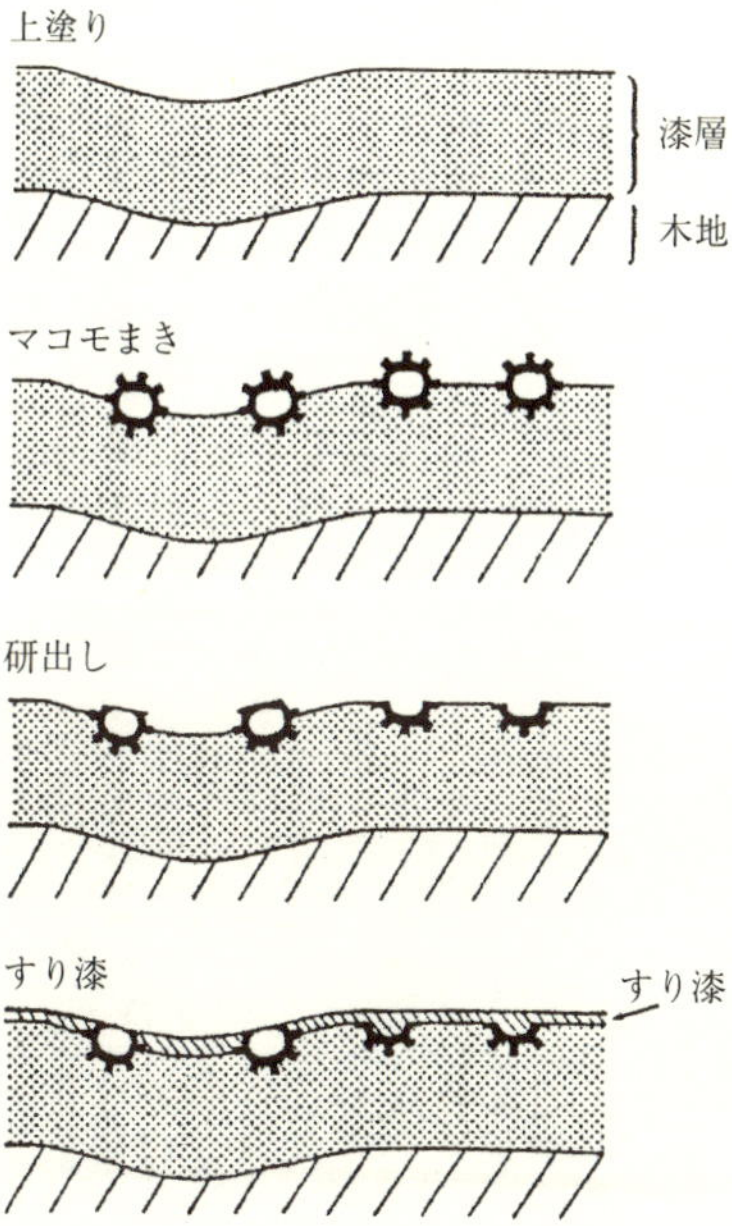

図3-2　鎌倉彫の塗り工程とマコモまき模式図

れた胞子のなかへ入って固まり、表面に生漆の薄い層ができる。これが塗り工程の最後の作業で、「艶出し」という。この状態を走査型電子顕微鏡でふたたびみると、表面にわずかに胞子の丸い輪郭が残ってほぼ平らになっているのがわかる。このようにして、あの鎌倉彫独特の古めかしさができる。

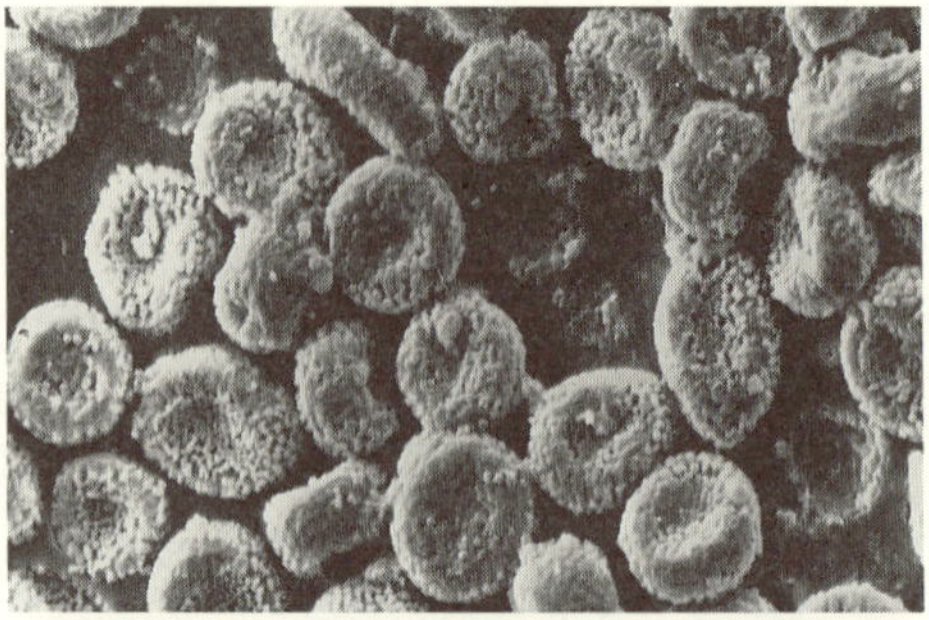

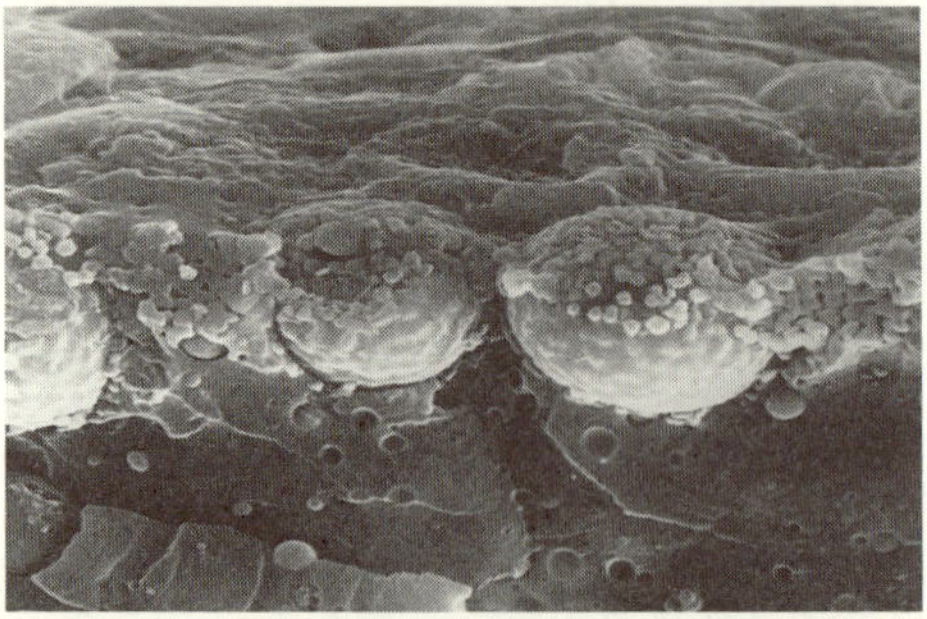

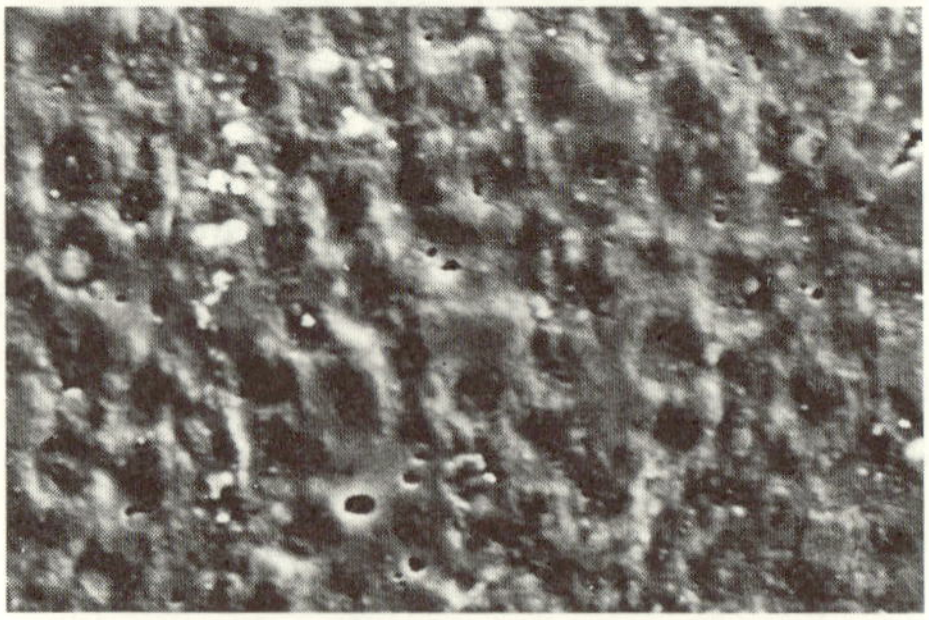

写真3-9（上）　漆の表面にまかれた胞子
写真3-10（中）　漆層の断面　一層に沈んだ黒穂胞子
写真3-11（下）　塗り工程が終わった鎌倉彫りの表面、黒穂胞子の丸い輪郭がわかる（いずれも走査型電子顕微鏡写真）

鎌倉彫の全工程はすべて手作業である。繊細で大胆な彫りと二十数回の漆の重ね塗り、さらにマコモ黒穂胞子を使った独特の古色づけによって、一段と渋い光沢が生み出されるのだ。しかし、もし黒穂胞子をまきつける時期が早すぎると、胞子は完全に朱漆のなかに沈んでしまう。また遅すぎると、胞子は朱漆に馴染まないで、つぎの研出しの際に拭き取られてしまう。胞子が朱漆に沈む程度は、朱漆の性質、厚さ、乾き具合、その日の気温、湿度、胞子の乾燥程度などによって微妙に変わり、職人の経験と勘によって判断される。

今では鎌倉彫は、碁笥（ごけ）、香合（こうごう）、硯箱（すずりばこ）、菓子器、茶托（ちゃたく）、鏡台、お盆、小物入れ、箸（はし）などの生活用具として、私たちの暮らしに結びついた工芸品になって広く使われている。鎌倉市内で年間に使われるマコモズミは三万本とも、五万本ともいわれている。

今日、この技術は国内の会津、高岡、高松などの漆器の産地にも影響し、似たような漆器がつくられるようになったが、あの鎌倉彫の古めかしさや渋い光沢はなかな

写真3-12　マコモズミの天日乾燥

か出せない。
先日、外国から来たお客さんが、日本のお土産としてぜひ鎌倉彫のお盆が欲しいといった。時間がなかったので、都内の某有名デパートの漆器のコーナーにお連れしたら、たいへん喜ばれた。ところが、期待していたあのアンチックな感じの漆器が意外に少なかったので落胆もした。その理由を店員に尋ねたら、

「近ごろ、鎌倉彫が欲しいのだが、この薄汚れている、埃がついているようにみえる鎌倉彫ではない、きれいな鎌倉彫が欲しいという若いお客さんがいるのですょ。ですから、仕入のときに、できるだけ奇麗な鎌倉彫を持ってきて、といっているところです。」

という。また、先日、友人が都内の某有名デパートで、

「鎌倉彫で古色づけした夫婦箸が、しかも達筆で『鎌倉彫塗り』と上書きされた桐の箱に入って二〇〇〇円、あまりに安かったので買ってきたが、本物でしょうか。」

と、持ってきた。一見しただけで、イミテーションとわかった。

これが日本を代表する伝統工芸品に対する一部の評価だと思うと、情けなくなる。マコモズミの特性をいかして、伝統工芸にいっそうの深みを添えてきた技術を大切にし、伝統工芸品の味わいを理解してもらいたいものだ。

黒穂菌の効能

中国では、昔からキノコのような菌類を病気の治療にさかんに利用してきている。劉波著『中国薬用真菌』（一九七三）には七八種類の菌類について、形態、成分、産地、薬理的性質が紹介されている。近年、わが国でも漢方医学が再認識され、合成薬とは違った天然物の効能が注目を浴びている。そのひとつとして、カワラタケ、冬虫夏草、サルノコシカケ、シイタケ、タモギタケ、ヒメマツタケ、アガリクスなどのキノコ類やその熱水抽出物から得られた多糖類に強い抗腫瘍性や強壮作用のあることが知られている。

マコモ、ムギ、トウモロコシ、モロコシなどの黒穂菌も、もちろん薬用にしているが、これらには果たしてどのような薬理機作があるのか、まだ不明なものが多い。

ハントとトンプソンズ（William H. Hunt & Marvin R. Thompsons）によれば、黒穂菌がなんらかの薬効を示すことは古くから知られている。なかでもトウモロコシ黒穂菌に薬理作用があることは、アメリカの『ファーマコペイア』六版（一八八〇）に載っている。トウモロコシ黒穂菌が産生する生理活性物質についての研究がきわめて多い。

表3-2　さまざまな黒穂菌の効能

黒穂菌の種類	薬用部位	生薬名	保存	効能・用法
マコモ黒穂菌 *Ustilago esculenta* P. Henn.	菌えい （茭白）	茭白	チップにして 乾燥保存	熱冷まし、二日酔い、便秘 1)乾燥した茭白62gに塩と酢を適量加えて煮、スープとともに1日2回食べる。 2)新鮮な茭白150gとほかの野菜を炒めて1日2回食べる。
アワ黒穂菌 *Ustilago crameri* Koern.	黒穂胞子	粟奴	乾燥して保存	胃腸の不快感、消化不良、むかつき 1)粟奴1～3gを適量のハチミツに加えて混ぜ、1日2回水で服用する。
ムギ裸黒穂菌 *Ustilago nuda* (Jensen) Rostrup	黒穂胞子	麦奴	乾燥して保存	流行性熱病、無汗、高熱、煩悶、口噤 1)麦奴丸のつくり方 麦奴30g、麻黄60g、大黄60g、黄芩30g、芒硝30g、釜底墨30g、竈穴墨30g、梁上塵60gこれらを混ぜて細粉にし、ハチミツで練って9gほどの丸剤にし、1日2回、1丸ずつ服用する。
トウモロコシ黒穂菌 *Ustilago maydis* (DC) Corda	菌えい	玉米 黒粉菌	黒穂菌培養液 中に16種の 有機酸を産生 黒穂菌酸を産生	胃潰瘍、神経衰弱、消化を助ける 1)黒穂胞子　1部 拌紅糖　1部 1日3回、成人3克、小人0.3～0.9克服用する。
モロコシ黒穂菌 *Sphacelotheca sorghi* Clint.	菌えい	烏米	菌えいを 乾燥、保存	月経不順、出血、血便 1)黒穂菌9～15克服用

応建浙『中国薬用真菌図鑑』（1987）より

表3-3　さまざまな黒穂菌の利用

種類	利用部位	用途	分布
マコモ黒穂菌 *Ustilago esculenta* P. Henn.	茎の未熟菌えい（茭白）	食用（野菜）	中国、台湾、ラオス、タイ、ベトナム、日本
		薬用	中国
	茎の成熟菌えい（灰茭）	薬用（風邪熱、目赤）	中国
	黒穂胞子	薬用	中国
		工芸材料、顔料	日本
アワ黒穂菌 *Ustilago crameri* Koern.	菌えい（穀粒）	薬用	中国
トウモロコシ黒穂菌 *Ustilago maydis* (DC) Cord	菌えい（穀粒、茎、葉、雄花）	食用（ウィトラコーチェ）	メキシコ
		薬用（神経衰弱、解毒、癇癪、便秘）	中国
チシマザサ黒穂菌 *Ustilago shiraiana* Henn.	菌えい（茎）（ベッコノコ）	食用	日本（東北）
ムギ裸黒穂菌 *Ustilago nuda* (Jensen) Rostrup	黒穂胞子	薬用（子宮出血、高熱）	中国
サトウキビ黒穂菌 *Ustilago scitaminea* Sydow	菌えい	食用	日本（沖縄）
ススキ黒穂菌 *Ustilago kusanoi* Sydow	菌えい	食用	日本（東北）
モロコシ黒穂菌 *Sphacelotheca sorghi* (Link.)Clint.	菌えい（穀粒）（烏米）	食用	中国

応建淅『中国薬用真菌図鑑』（1987）より

これまでの研究をとりまとめると、

（一）トウモロコシ黒穂菌のアルコールまたは水抽出物をネコやイヌの頸動脈に注射すると、エピネフェリンのような血管収縮作用を示さずに、血圧を降下させる。

（二）このような作用は、トウモロコシ黒穂菌の成熟度と無関係であった。

（三）アルカロイドの作用とは違う。

（四）ある量を投与すると、チアノーゼを起こすが、麦角による反応とは違う。

（五）妊娠初期のネコに流産を起こすが、麦角よりはるかに弱い。

（六）作用物質はアセチルコリンあるいはヒスタミンと違う。

（七）妊娠中あるいは出産中のネコ、モルモット、ウサギの子宮を収縮させる。

（八）ヒスタミンと同じようにウサギの腸の運動を抑制する。

（九）カエルの足の血管を収縮させる。

（一〇）トウモロコシ黒穂菌は皮下、筋肉、腹腔内注射により毒性を示し、致死にいたることがあるが、経口投与では毒性を示さなった。

などが挙げられる。

一方、メキシコではトウモロコシ黒穂菌の菌えいをウィトラコーチェ（トウモロコシのキノコ）と呼んで食用にし、また中国では昔から漢方薬として利用している。これらの例から、黒穂菌の経口的な摂取は差し支えないと思う。また、トウモロコシ黒穂菌が産生する黒穂菌酸（ウスチラジクーアシド）が抗菌性を持っていることは、古くから知られている。

中国では、マコモ黒穂菌の菌えい（マコモタケ）の乾燥物六二グラムに適量の塩と酢を加えて煮て、煮汁といっしょに一日二回食べると、風邪のときに解熱効果があるといい、また新鮮なマコモタケ一五〇グラムをほかの野菜と混ぜて炒め、一日二回食べると便秘に効果があるという。しかし、マコモ黒穂菌の薬理作用について科学的に証明した研究は、これまでほとんど知られていない。

長坂ら（一九九四）は、マコモ黒穂菌の培養菌糸の凍結乾燥物とその水抽出液について薬理作用を調べている。乾燥した菌体を水に懸濁してマウスの腹腔内に体重一キログラムあたり三〇〇ミリグラムの割合で投与したが、死亡例や行動の抑制、異常はまったくみられず、また水抽出成分は全身毒性を示さなかった。この抽出液はモルモットの回腸を収縮させた。乾燥した菌体を体重一キログラムあたり五ミリグラムの割合で抽出した液は、〇・〇〇〇〇一モルのアセチルコリンによる収縮の七〇パーセント程度の活性を示した。

この回腸収縮作用はアトロピンで前処理すると完全に抑制された。したがって、マコモ黒穂菌はアセチルコリン様物質を含むか、あるいは腸管の組織からアセチルコリンを遊離させる作用があると推測している。しかし、この作用がアトロピンで抑制され、またコリンエステラーゼ阻害薬であるネオスティグミンで前処理するとその作用が増強する。しかもこれらの黒穂菌の作用が低濃度のクロロフェニラミンで影響を受けないことから、ヒスタミンあるいはヒスタミン受容体を介する物質の反応ではない。したがって、黒穂菌の作用は抗コリン効果によるものと思われる。しかも、この作用は熱に安定であることから、タンパク質ではなく、ペプチドあるいは低分子のアルカロイドのような物質ではなかろうかと推測した。マコモ黒穂菌の菌糸が充満したマコモタケには、腸の消化活動を活発にする性質があると考えられる。

黒穂菌の生活史

ヘニングスがマコモ黒穂菌の分類学的記載をしてから、すでに一〇〇年以上もたったのに、この菌が自然界でどのように生活をしているか、じつは、まだわからないことが多い。

マコモは多年生である。冬季に地上部が枯れても、太い地下茎は丈夫な芽をつけて、地中で春を待っている。三月、まだ春とは名ばかりで外は寒いが、地下では芽が少しずつ目覚めて、

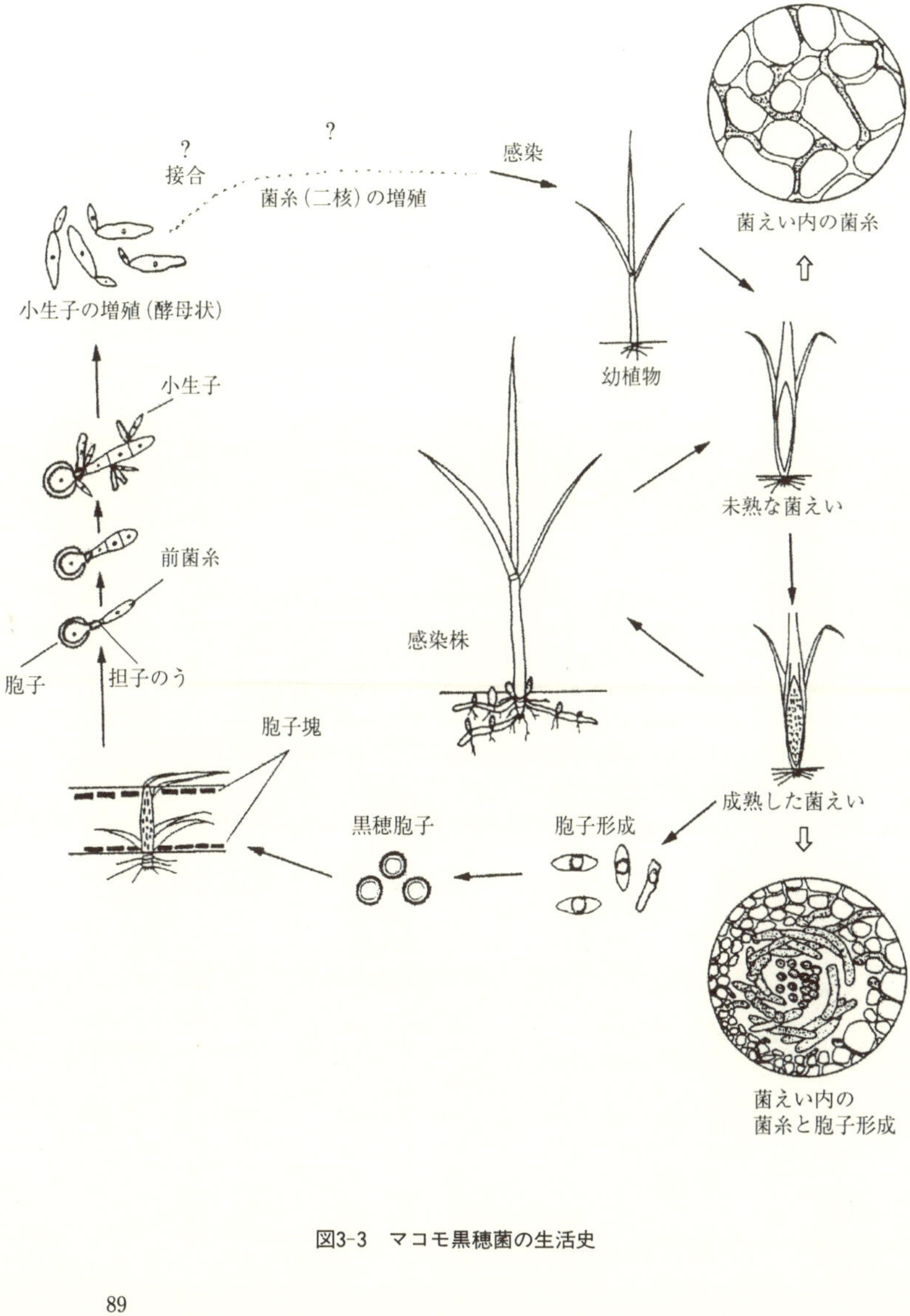

図3-3 マコモ黒穂菌の生活史

春の息吹を感じ始める。同時に、地下茎や株元で冬を越した黒穂菌の菌糸も動き始め、次第に芽の方へ移行する。まだ静かな胎動だ。菌糸が成長するのにはまだ温度が足りない。

ようやく五〜六月になると、黒穂菌が感染した株も、感染していない株も葉を勢いよく伸ばす。すぐに一メートル近くなる。地際に近い元の方では分げつが始まり、茎が伸び始める。ちょうど水田では一番草を取るころだ。イネとほぼ同じ成育のリズムと思えばよい。そのころ、地際の葉鞘をていねいに剝がすと、その中心近くに萌葱(もえぎ)色をした嫩(わか)い葉に包まれた幼茎が数節みられる。これがマコモノメである。この葉は「若い」でなく、「嫩ゐ」(わかい)という表現がぴったりだ。中国では「茭几菜」または「茭几嫩葉」といい、マコモタケとは違った風味を持つ山菜である。

昨年(一九九九年)、七月に秋田県仙北郡を訪ねたとき、土地の人が、

「マコモノメは六月が旬だ。七月になると、味が悪くなる。」

といいながら、葉鞘を剝いて生で食べさせてくれた。このあたりでは、マコモノメを季節の山菜として食べるが、新鮮なうちがいちばんといい、残ったマコモノメは水煮にして缶詰めにするという。

八月になると、幼茎の基部に近い数節では節間が伸び始める。黒穂菌が感染していない健全

株では花穂が分化して、早いものは穂が出始める。黒穂菌が感染している株の幼茎の先端の数節が肥大を始めるのも、この時期だ。

この時期の幼茎の内部を顕微鏡で観察すると、黒穂菌の菌糸が、細胞と細胞の間、厳密には細胞中層を押し開きながら拡がっているのがみえる。ところどころで枝わかれした菌糸の先端がマコモの幼茎の細胞に入りこむ。これを細胞内菌糸ということは先に述べた。

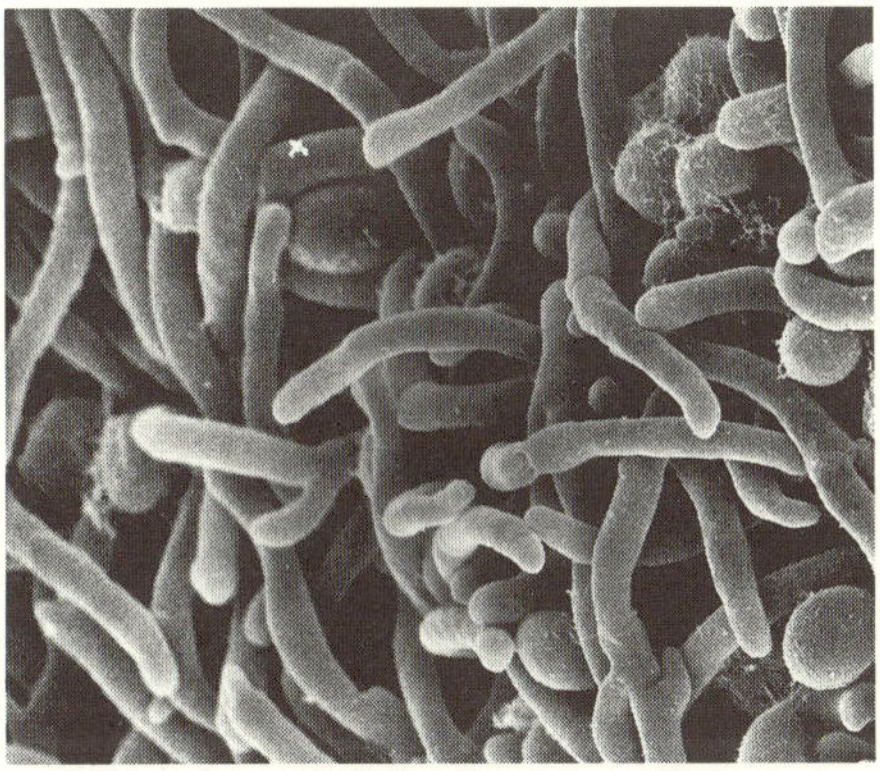

3-13　胞子形成初期、菌糸の断片化（走査型電子顕微鏡写真）

中国では二〇〇〇年以上も昔、すでに野生の感染株から選抜したといわれている栽培型のマコモの品種がいくつも育成されている。適当なときに、これらのマコモの菌えいを収穫すると、内部は純白で、黒穂菌の菌糸も胞子も肉眼ではみえない。

ところが、われわれが野外でみる野生のマコモの感染株は、十分に肥大しないうちに、胞子がつくられて、粉っぽく、黒褐色になる。どうして野生株の方が胞子形成が早いのか、その理由はまだわかっていない。

胞子が菌えいのなかにつくられる過程を走査型電子顕微鏡でみてみよう。菌糸の細胞は縦につながって細い糸状になっている。いちばん先端の細胞が分裂して成長する。細胞がつながっているところを隔膜（かくまく）という。菌糸窩のなかに菌糸が充満すると、菌糸は隔膜のところで切れて、断片化する。この状態は普通の光学顕微鏡でも十分みることができる。やがて個々にばらばらになった菌糸細胞のなかに球形の胞子原細胞ができる。胞子原細胞の表面は、はじめ平滑であるが、次第にその種類特有の凹凸模様ができ、メラニンが沈着して黒褐色となり、黒穂胞子が

写真3-14　マコモ黒穂菌の胞子塊

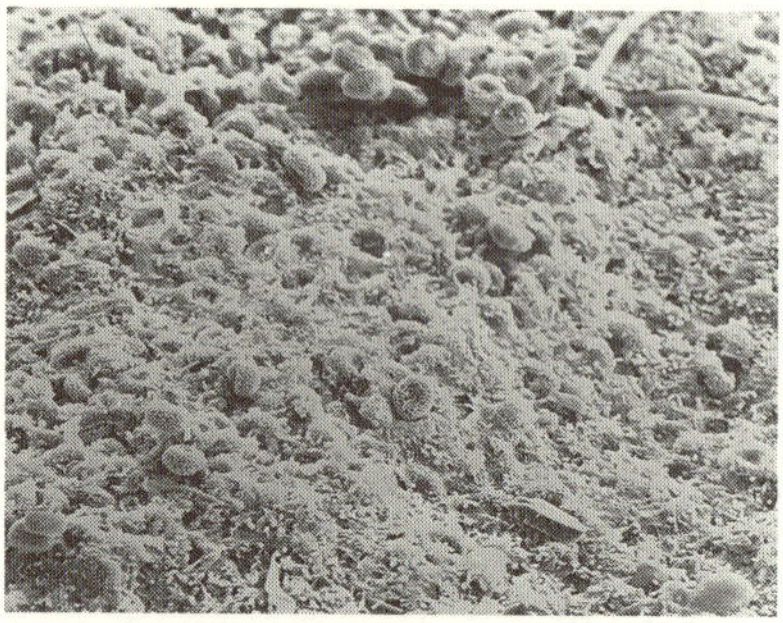

写真3-15　胞子塊の表面、マコモの組織でおおわれている（走査型電子顕微鏡写真）

できる。

　この黒穂胞子が菌糸細胞のなかにつくられる過程は、黒穂菌の一般的な特徴で、人工培地上でも同じである。

　黒穂胞子が、維管束に添った縦に長い菌糸窩のなかに充満した菌えいをマコモズミまたはモコモノネズミと呼ぶ。こうなると、胞子は鉛筆の芯のように硬い塊になる。これを胞子塊という、成熟した菌えいを水につけておくと、マコモの組織が崩れて、胞子塊だけが水面に浮いてくる。このような胞子塊は水面に浮遊していても発芽しにくい。ばらばらになった胞子より生存期間が長く、四二六日以上すぎても発芽能力を保っていた。したがって、十分に翌春の感染源となりうると考えられる。

　黒穂胞子の感染力を知るために、胞子の性質を調べることにした。まず、菌えいのなかにできた胞子塊を崩して、胞子を集めて発芽を調べてみた。この試験では、寒天を二パーセントくらいの割合で水に溶かして、泡立たないように気をつけて加熱する。温度が摂氏四五度くらいに下がったら、平らなところ、たとえばスライドグラス上に広げて

表3-4　水面浮遊胞子塊の生存率

日数	生存率（%）
92	40.1
164	56.6
230	50.1
264	44.2
310	38.2
333	31.4
426	3.5

菌えいを水に浸しておき、マコモの組織が崩れた後、黒穂胞子の発芽率を調べた。

寒天板をつくる。その上に胞子をまいて、所定の条件下で発芽を調べた。

黒穂胞子は、一五～四〇度で発芽し、最適温度は二五～三〇度であった。四度と二〇度で保存したところ、保存温度は低い方が発芽がよかった。菌えいを水につけておくと、マコモの組織が表面から腐り、ちょっと揉みほぐすと、黒色の胞子塊が水面に浮かんでくる。胞子塊を水面に浮かべたままにしておいた場合、その発芽率は、二六四日で四四・二パーセント、四二六日でも三・五パーセントであった。胞子塊は長い間発芽力を保っていることがわかる。

黒穂胞子を寒天培地にまくと、一二時間以内に前菌糸を形成し、二四時間で一次、二次前菌糸と小生子（しょうせいし）が形成される。黒穂菌の小生子は酵母のように出芽によって増殖する。

マコモの黒穂胞子の発芽パターンについては、堀（一九〇七）が観察して以来、多くの研究者によって報告されている。なかでもLiou（1949）は、発芽初期に生ずる小突起は担子のうに相当し、そこから一～四個の前菌糸を生ずること、前菌糸は一～四個の隔膜を持ち、さらに第二次前菌糸と小生子を形成することを報告し、この発芽パターンはこれまで知られている黒穂菌と異なることを示した。そこで、マコモ黒穂菌を基準種として、Yenia属とYenia科の創設を提案した。しかし、まだ発芽の時の核の行動、減数分裂の時期、小生子の核数、二核化の過程などについてはまったく解明されていない。今後に問題が残る。

つぎに人工培地上におけるマコモ黒穂菌の性状についてみてみよう。新鮮な菌えいの組織からは、菌糸を容易に分離することができる。このような菌叢（きんそう）（コロニー）を菌糸型菌叢と呼ぶ。黒穂胞子を発芽させると、単胞の小生子が得られる。小生子は酵母のように出芽によって増殖し、小生子由来の菌叢を小生子型菌叢という。

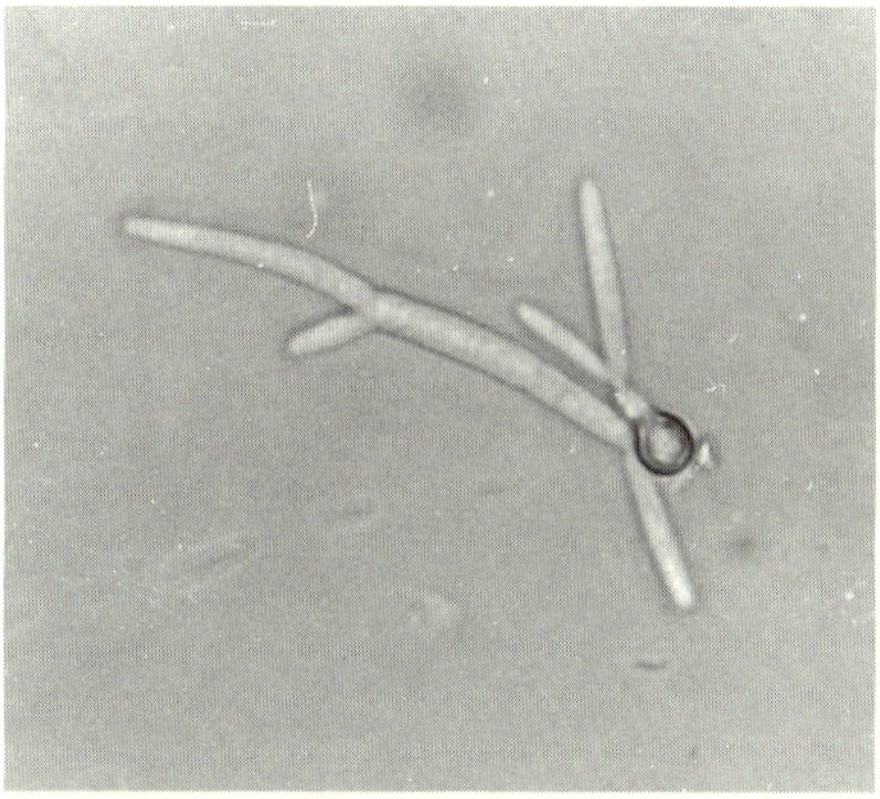

写真3-16　黒穂胞子の発芽、24時間後（光学顕微鏡写真）

菌糸型菌叢は、やがて黒穂胞子をつくり、しまいには粘質な酵母状の小生子が菌糸をおおい混じる。普通、植物病原菌の培養に使うグルコース加用ジャガイモ煎汁寒天培地（ＰＤＡ培地）と高等植物の組織培養でよく使うＭＳ培地（ムラシゲ・スクーク培地）を用いて、小生子型と菌糸型を培養すると、二核化をのぞく、マコモ黒穂菌の全生活史を培地上で観察することができる。

　合成培養液を用いて、小生子型と菌子型の発育を競争させると、小生子型は七日、菌糸型は二〇日で最高値に達し、小生子型の方が菌糸型より約三倍も発育がはやいことがわかった。菌糸型菌叢は、ＭＳ

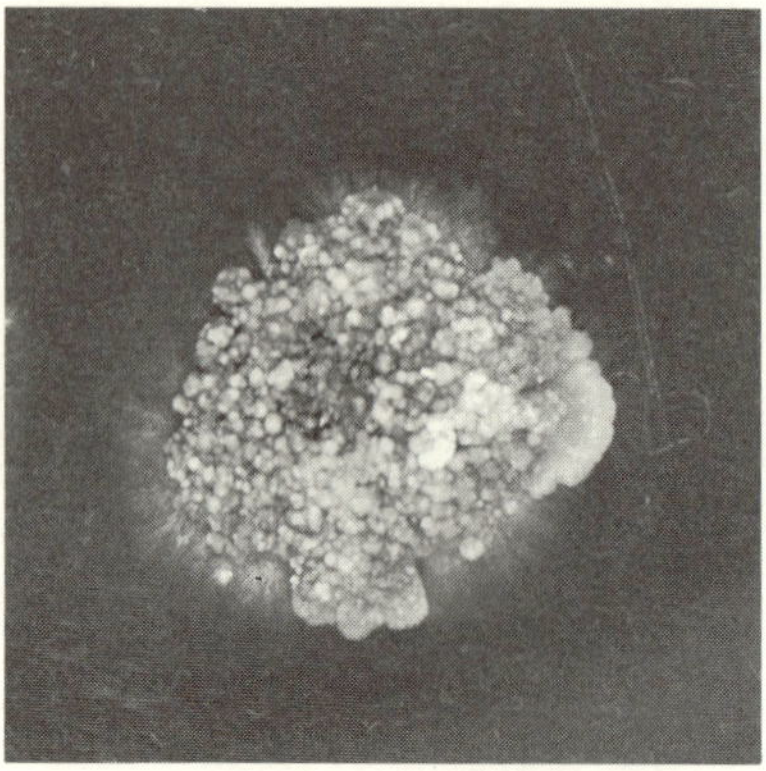

写真3-17　菌糸型菌叢

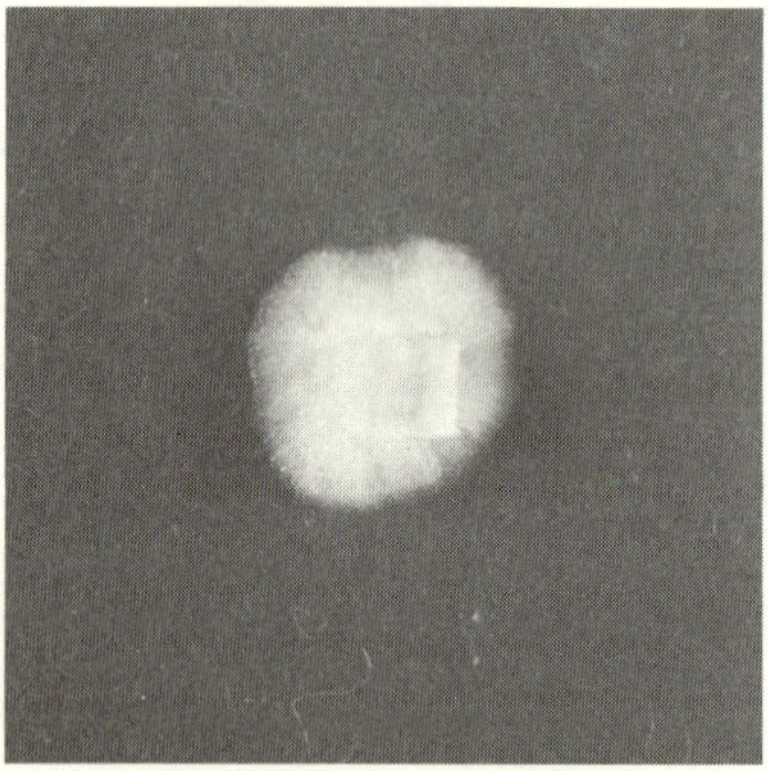

写真3-18　小生子型菌叢

培地上では白色不透明で平面的に発育するが、ＰＤＡ培地上では乳白色で菌糸が密に板状となり、発育速度はＭＳ培地上に比べておそかった。培養後期になると、菌糸型菌叢はＭＳ培地上ではゼラチン状になって、黒穂胞子をよく形成した。しかし、ＰＤＡ培地上では気中菌糸が伸び始め、胞子形成に差がみられた。

これに対し、小生子型菌叢は、ＭＳ培地上で菌叢が乳白色から褐色を呈し、培養後期には多くの菌糸がみられた。このとき用いた小生子型の培養系は、もともと単小生子由来でなかったため、培養中に接合が起こる可能性がある。PDA培地上では気中菌糸が菌叢全体をおおった。培地上における胞子形成の過程を観察すると、まず、菌糸が二〜六細胞に断片化し、各細胞の内容物が凝縮して球形になり、外壁が次第に厚膜化する。菌糸細胞は隔膜部でばらばらになって、胞子が内生的に形成される。マコモの菌えいに形成された胞子に比べてやや大きく、胞子表面のオーナメンテーションも不明瞭で、未熟ではないかと思われた。

小生子型と菌糸型の生理的性質を比較すると、発育に対してもっとも適当なpHは小生子型が五・六、菌糸型では七・四であった。両型の発育に対する栄養要求性にも違いがみられた。炭素源の嗜好性を調べたところ、小生子型はデキストローズ、フラクトーズ、スクローズをよく利用した。窒素源については、菌糸型は有機態窒素の方が無機態窒素よりもよく利用して発育がよかった。これに対し、小生子型はグルタミン、アスパラギン、硝酸ナトリウムの要求性が認められた。また、ビタミン類の要求性については、小生子型はチアミン要求性があり、また両型ともマコモ水抽出物を培地に添加した場合、成育を促進したという報告（Chan Yuk-Sin et al., 1980a, b. c）がある。

いずれにしても、マコモ黒穂菌の生活史を明らかにするためには、黒穂胞子の発芽と小生子形成過程における核の行動、減数分裂の時期、接合による二核化菌糸の形成など不明な点を明らかにしていかなければならず、生活史の全貌を解き明かすためには、まだ確かめなければならない問題が残されている。

黒穂胞子の病原性

自然界では、マコモ黒穂菌はどのようにして生活してきたのだろうか。黒穂菌の生活史を明らかにするため、これまで多くの研究がおこなわれてきたが、まだその全貌が解明されたわけではない。

前にも述べたように、マコモに黒穂菌が感染すると穂ができず、したがって種子ができない。しかし、マコモは地下茎によって繁殖することができる。一方、一回感染した黒穂菌はマコモの体内に住みつくと、毎年、菌えいのなかで増殖して胞子をつくり、新しい感染のチャンスに備える。このような感染株を株分けすれば、マコモはいくらでも増やすことができるので、種子ができなくても構わない。中国で野生の感染株から選抜して育成されたといわれている栽培型マコモの体内には、その昔に感染した黒穂菌が今日まで生き残ってきたのだといえる。このサイクルでは、黒穂菌の胞子の役割は終わったようにも思える。

しかし、河川や湖沼に出かけて野生のマコモ群落をみると、思ったよりも、黒穂菌が感染したマコモが少ない。場合によっては、探してもみつけられないことがある。これは、なぜだろうか。自然界では、健全なマコモは種子をつくって次々に増えているのに、黒穂菌は新しい感染のチャンスが比較的少ないようである。

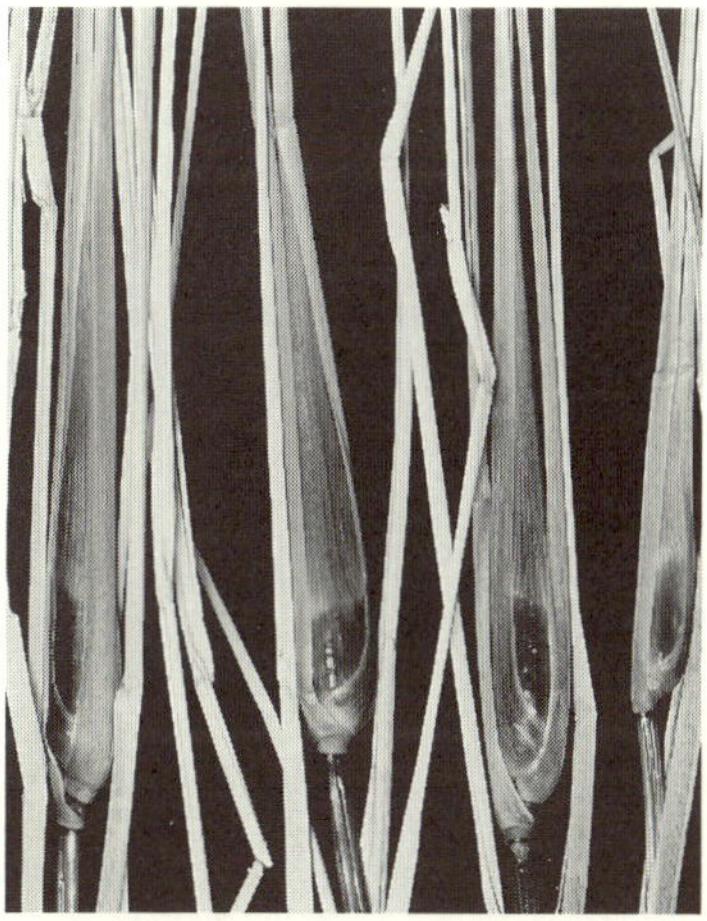
写真3-19　黒穂胞子による感染でできた菌えい

黒穂菌でも、たとえばムギ類の黒穂菌のように、風で運ばれてきた胞子が雌しべの柱頭につくと、ちょうど花粉のように発芽して、子房のなかにまで侵入して感染し、胞子をつくり、いわゆる黒穂になる。こういう感染を柱頭感染といい、開花中のムギはいつも感染の脅威にさらされているのだ。しかし、マコモでは黒くなった穂はみられない。自然界では、ムギの黒穂菌のような柱頭感染がマコモに起きるチャンスはほとんどない。

野外においたマコモで、黒穂胞子による感染の有無を確かめるため、接種試験をおこなうことにした。

野生の健全株から採取した種子をまいて健

全株を育成し、その株分け苗を用いた。接種源として栽培型マコモの菌えいから集めた胞子塊から胞子液をつくった。あらかじめ健全苗を植えこんだポットに水をはり、その水面に胞子液を注いで、以後の管理を平常どおりおこなった。

感染の有無は出穂、菌えい形成で確認した。穂が出ないからといって感染が起きているとは限らない。マコモの一年目の実生苗では、十分に株が育っていないために無効分げつが多く、しばしば穂が出ないことがある。そこで菌えい形成が起こっているかどうかを調べることで感染を確認した方が確実である。

結果は、その年の秋になって、水面に胞子を流しこんだ区で、一三株のうち三株に菌えい形成が認められ、感染率は二三パーセントであった。出穂、菌えい形成がみられなかった一〇株は翌年まで感染が確認できなかった。感染株には全部で一一個の菌えいが形成され、その大きさは長さ三～一二センチ、太さ〇・七～一・五センチで、野生の自然感染株に比べると小形だったが、黒穂胞子も形成した。

つぎに、土壌に混和した胞子が地下茎に感染するか否かを調べた。黒穂菌を接種した地下茎から成長した八株にはいずれも菌えいが形成されず、感染を確認できなかった。おそらく地下茎への感染の可能性は低いものと思われる。

表3-5　黒穂胞子の病原性

黒穂胞子灌漑水混入による試験

接種源	接種株数	平均分げつ数	出穂株数	出穂数	菌えい形成株、( )は形成率%	菌えい形成数
黒穂胞子混入区	13	8.1	0	0	3(23)	11
未混入区	5	15.6	4	14	0(0)	0

黒穂胞子土壌混入による試験

接種源	接種株数	平均分げつ数	出穂株数	出穂数	菌えい形成株数、( )は株形成率%	菌えい形成数
黒穂胞子混入区	8	8.2	4	4	0(0)	0
未混入区	7	13.4	7	22	0(0)	0

培養小生子幼芽塗抹による試験

接種植物	接種株数	平均分げつ数	出穂株数	菌えい形成株数( )は形成率%	菌えい形成数
印旛系	3	10.3	3	0(0)	0
取手系	5	8	0	1(20)	4

培養小生子接種による試験

接種方法	接種株数	活着株数	出穂株数( )は出穂株率%	菌えい形成株数、( )は形成率%
地下茎頂芽注射	26	0	0	0
地下茎頂芽先端切断浸漬	21	0	0	0
地下茎頂芽無切断浸漬	0	0	0	0
幼芽注射	14	10	5(50.0)	0
土壌混入	31	21	0	2(9.5)
無処理	11	0	3(37.5)	0

黒穂胞子を発芽させて得た小生子の培養系について、地下茎の芽に対する病原性を確かめるため、小生子懸濁液を芽の表面に塗抹接種（菌を直接塗って接種する方法）して育てた五株のうち、一株が菌えいを形成した。感染率は二〇パーセントであった。しかし、用いた小生子は単分離系ではなかったので、生活史の解析には不適当だった。

同様に、小生子懸濁液を芽に対し、注射したもの、芽を切断して浸漬、直接浸漬したものを試験したが、すべての株がまったく萌芽しなかった。つぎに、小生子懸濁液を土壌に混入した場合、萌芽して得られた二一株のうち、二株で菌えい形成がみられ、感染率は九・五パーセントであった。出穂、菌えい形成がみられなかった五株については、翌年まで観察したところ、さらに二株で菌えい形成が確認された。

このような接種試験によって、黒穂胞子、小生子が水中や土壌中で感染を新たに起こす可能性があることが確認できた。しかし、単小生子培養系については残念ながら、まだ病原性を確認していない。マコモ黒穂菌の生活史を明らかにするために、これまでに黒穂胞子の発芽のときの減数分裂の時期、小生子形成、接合から二核菌糸形成にいたる核の行動について、いくつかの研究が報告されているが、まだ確証を得ていない。これまでにトウモロコシ黒穂菌などで知られているような一般的な生活史とは異なった感染の機構があるのではないかと考える。

篠原ら（一九九二）は、マコモ黒穂菌の単小生子分離株を減圧接種法、注射接種法によって、健全マコモとその根茎に接種したが、いずれも発病しなかったことから、マコモ黒穂菌の小生子はヒエ黒穂菌などで認められているようなソロパソジェニクではない、すなわち、二核体相ではないと述べている。おそらく、用いた小生子分離株は接合型プラスまたはマイナスのいずれか一方の集団からなる菌株の可能性を示唆している。

中村ら（未発表）は、黒穂胞子あるいは単一胞子由来の小生子混合株のいずれも、マコモに対して病原性を示したことから、この菌の生活史を明らかにするためにも、今後、できるだけ早い時期に、黒穂胞子の発芽時における核の行動、単小生子分離株の混合組み合わせによる二核化細胞の形成、病原性の実証が必要である。

マコモ黒穂菌の寄生範囲は、アジア原産のマコモに限られている。フィシャー（一九五三）は同菌がアメリカマコモ（*Zizania aquatica* L.）にも寄生することを写真入りで記載しているが、疑わしい。その後、アメリカで出版された本では、北アメリカ原産のマコモに同菌が寄生するという記載はまったくみられない。

先祖探しへのアプローチ

これまで栽培型マコモは、中国で野生の感染株から選抜、育成したという説が、定説となっている。ただ、これには異論もある。栽培型の先祖は現存のマコモとは別種であるという研究者もいる。この先祖探しの研究はきわめて興味深い。いくつかのアプローチの方法がある。たとえば、

一　栽培型マコモに現れる野生的形質、たとえば、黒穂感染株に穂ができる(雄莢)など、いわゆる先祖返り現象の解析。

二　栽培型マコモから黒穂菌を除いた植物体の性状調査。除菌方法としては、つぎのような方法がある。

①体内の黒穂菌を浸透性殺菌剤で殺菌する。

②組織培養の技術を利用して、茎頂培養あるいはカルス細胞から再分化させる。

③黒穂菌が存在していない葉からプロトプラストを分離し、再生個体を得る。

三　栽培型と野生型マコモの遺伝子構造を解析。

四　野生マコモの地理的変異と黒穂菌の寄生状況の調査。

体内の黒穂菌を取りのぞくため、栽培型マコモの菌えいから茎頂培養を試みた。

中村らは、マコモの黒穂菌が感染した栽培型と野生型マコモの性状を比較すると、いちじるしい差がみられることを指摘した。楊ら（一九七八）は、菌えい組織の形成過程を観察し、栽培型マコモでは黒穂菌が全身に所在していて、葉と根をのぞくいずれの器官からでも黒穂菌が分離できると報告している。菌糸は菌えいの柔組織の細胞間隙あるいは維管束間隙や、細胞内に多く観察できる。しかし、ある程度若い菌えいでは茎頂近くの組織内には、菌糸窩、菌糸塊、細胞内菌糸などが少ないことが解剖学的に明らかになっている。

写真3-20　茎頂培養による無菌化苗

したがって、茎頂を一〇〇ミクロン以下の薄い切片に切り出して培地に置床することによって、かなり高い確率で黒穂菌が感染していない茎頂組織を培養できることがわかった。MS培地を用いると、もし組織内に黒穂菌が存在した場合には、比較的早い時期に培地上に黒穂の菌糸が現れるので、そのような培養系は取りのぞけばよい。

このようにして、無菌のマコモ個体をフラスコのなかでつくることができた。しかし、いよいよ土に順化しようという段階で、結果を急ぎすぎて失敗してしまった。ふたたび挑戦する機会がないいまま、今日にいたったのは、じつに残念でたまらない。

黒穂菌を食う——トウモロコシ黒穂菌の食べ方

小学生のころ、トウモロコシ畑は格好の遊び場だった。背丈を超えるトウモロコシの間を駆けながら、「お化け」をみつけて手でたたき落す。壊れるまで足で蹴ると、土ぼこりのようなモヤとした粉が舞い上がる。いっぱい舞い上がると、みんなで手をたたいて喜んだものだ。その「お化け」がトウモロコシの黒穂病という病気にかかった結果だと知ったのは、ずーと後、中学を卒業して上京し、農学の道に進んでからだ。

その「お化け」が食べられることを知ったのは、それから、またずーと後で、確か、昭和三四年ころだったと思う。東京農業大学を卒業してメキシコに渡り、現地の農業試験場で植物保護の仕事をしていた小辻昭二氏が一時帰国して、久しぶりで会った。そのとき、「メキシコ人は、トウモロコシのお化けを珍味といって、食べる。」

「人工的にお化けを増やす方法はないだろうか。」

と聞かれた。トウモロコシの種子に黒穂胞子をまぶしてまいたら、高率で感染するはずだと話したら、

「これで金儲けができる。」

と笑って、メキシコへ帰っていった。その後金持ちになったという話を聞かないまま、小辻さんは亡くなってしまった。

一五年ほど前、マコモの黒穂病に興味を持ち始めたころ、ふたたび、トウモロコシの「お化

写真3-21　トウモロコシ黒穂菌えい

写真3-22　トウモロコシ黒穂菌
（ウィトラコーチェ）の缶詰

け」を思い出し、食べたいという欲望が強くなった。とうとう、メキシコから「お化け」の缶詰を取り寄せた。早速、渋谷の山手通りにあるメキシコ料理を出す店に持ちこんで、研究室の学生さんといっしょに試食することになった。

私は一人で感激した。このとき、はじめてトウモロコシの「お化け」を「HUITLACOCHE」（ウィトラコーチェ）といい、アステカ語で「トウモロコシのキノコ」という意味だということを知った。缶詰を開けたら、ちょっと生臭い。塩味がきいた黒色のペースト状の「お化け」が目に飛びこんできた。トルティージャ（メキシコ風のトウモロコシのパン）にたっぷり塗って、その上に玉ねぎとニンニクのみじん切りをのせて食べた。

私はやはり珍味だと思ったが、学生さんの評判はいまひとつだった。

季節になると、メキシコではスーパーマーケットで生のウィトラコーチェを売っていて、来日中の友人は懐かしさに里心がつくという。ウィトラコーチェのスープは「お袋の味だ」ともいっていた。

メキシコの料理の本に、ウィトラコーチェの料理が三種あった。めずらしかったので、紹介しておこう。

（一）ウィトラコーチェのケサディィージャス

詰め物の材料

ウィトラコーチェ　大さじ1

みじん切りのタマネギ　大さじ1

みじん切りの香草（Epazote アリタソウの仲間）　小さじ1

みじん切りのニンニク　3片

みじん切りの青トウガラシ　適量

詰め物の作り方

よく洗ったウィトラコーチェを細かく切り、スプーン二杯のラードでタマネギとニンニクを炒める。よく炒めたら、ウィトラコーチェ、干し青トウガラシ、香草を加えて、塩で味つけして短時間炒める。

この詰め物とクリームを入れて巻いたクレープをオーブンで焼けば、ケサディージャスができ上がる。

（二）トルタ・デ・ウィトラコーチェ（ウィトラコーチェのサンドイッチ）

材料

ラード　100グラム

ウィトラコーチェ　4分の3キロ
トマト（Jitomate、トマトの一種）　4分の3キロ
生クリーム　2分の1カップ
トルティージャ（小）　20枚
干しトウガラシ（Chiles poblanos）　3個
みじん切りニンニク　2片
みじん切りの香草（Epazote）　1さじ
みじん切りのタマネギ　大さじ1

作り方

ウィトラコーチェをぬれ布巾できれいに拭いて細かくする。スプーン二杯のラードで玉ネギとニンニクを炒める。そこに干しトウガラシを加えてよく炒める。さらにウィトラコーチェと香草を加えて味つけし、鍋にふたをして弱火でよく煮る。ガラスの耐熱容器の底にバターを塗って、揚げたトルティージャにソース（トマトを炒めて、つぶしたものに塩と砂糖を少々加えて味つけしたもの）を塗って一列に並べ、その上にウィトラコーチェとチーズを重ねる。トルティージャ、ウィトラコーチェ、チーズを段々に並べ、

いちばん上にソースを塗って表面にトルティージャとクリームを塗り、残りのチーズをふりかける。

材料が入った容器を温めたオーブンに入れ、トルティージャが温まればでき上がりである。

（三）クレマ・デ・ウィトラコーチェ（ウィトラコーチェのポタージュ）

材料

ウィトラコーチェ	大さじ1
バター	50グラム
小麦粉	大さじ1
みじん切りのタマネギ	大さじ1
みじん切りのニンニク	2片
香草（Epazote）	1枝
牛乳	4分の3リットル
チキンコンソメ	2分の1リットル
生クリーム	8分の1リットル

作り方

容器にタマネギとニンニクのみじん切りを入れて炒め、小麦粉を加えて色が変わってきたら、少しずつ牛乳とスープ、ウィトラコーチェ（あらかじめ少量のスープを加えてミキサーにかけておく）を加える。

香草の一枝を入れて弱火で一〇分煮る。生クリームと熱いスープを入れる。

私は、まだ生のウィトラコーチェを食べたことがないが、メキシコの友人は季節になると食べたくなるというから、そこそこの味なのだろう。しかし、つぎの朝、トイレに入ると、出るものが真っ黒だというから、黒穂胞子はほとんど消化されなかったにちがいない。

それにしても、国産のウィトラコーチェを食べたいと思い、方々捜してみた。子供のころ、あれほどあった「お化け」がまったく見当たらない。残念でたまらない。近ごろ、トウモロコシの種子を自家採種しないので、「お化け」が少なくなったのかもしれない。植物病理学の成果と自賛してみたが、ちょっぴり、さみしい気がする。

私たちの感覚では、むしろ、胞子が成熟して真っ黒な「お化け」より、未熟で白く、新鮮な「お化け」の方がジューシーで、トウモロコシのキノコとしてはイメージがいい。メキシコ人はどっちが好きか聞いたことがないが、マコモタケの経験では、やはり未熟な「お化け」の方がよさそうだ。もしかしたら、日本食にも合うかもしれない。

このように、黒穂菌の菌えいが市場で売られ、家庭で食べられる食習慣はめずらしい。しかし、日本でも、昔からチシマザサ、サトウキビ、ススキ、モロコシ、マコモの黒穂を子供が食べることが知られている。

菜食・菌食二元菜のマコモタケ

今関六也（一九〇三〜一九九一）は有名な菌学者で、森林生態学者であった。日ごろから、山を歩くときなど、腰を下ろして弁当を食べながら、われわれ若い者に持論の「菌食の勧め」を聞かせたものだ。このときの話題の中心はキノコだった。しかし、菌食という言葉のイメージからすると、キノコ以外に顕微鏡的な小さい微生物を食べる、あるいは微生物の力を利用した糠味噌漬け、納豆、ヨーグルト、味噌、醬油、酒などの発酵食品が頭に浮かんでくる。

生物教育では、長い間、「生物界は植物、動物から構成されている」と教え、教わってきた。明治以来、多くの教科書で生物をこのように二元的に扱ってきたから、これが生物の世界を理解する上で当たり前のような気がしていた。しかし、実際に、生物が暮らしている自然界をみてみると、不満が残る。

それぞれの生物が果たしている役割という立場から生物界をみると、必ずしも動物と植物という単純な分け方では説明がつかない。ことに、生物について多くの研究が進み、次第に生物の本質がわかるようになってくると、今までのような、二元的な生物観だけでは説明がつかないことがわかってくる。とくに生態学の立場に立つと、自然界の物質循環を担っている生物の役割分担の重要性が見直されるようになった。そこで最近の教科書では、生物界を生産者、消費者、さらに分解還元者の三者の協調的なバランスがとれた世界としてとらえる立場を説明するようになった。これが生物三元論の要諦で、最近の生物の教科書でようやく取り上げられるようになった。

ところで、これまでヒトを含め動物の食性を植物食（菜食）、動物食（肉食）、雑食（菜食と肉食）に分けてきたが、雑食という言葉は適当ではない。生態的自然観にかなった食事とは、植物、動物、菌類を適当に組み合わせて摂取することである。このような組み合わせにそった食事が健康な食生活であると思う。これが三元食論である。

寺川博典（一九一八―一九九六）は、この菌食論の支持者で、単に論で終わらせない、実践者でもあった。糖質、脂質、タンパク質、ビタミン、ミネラルの五大栄養素に、植物や菌類が持っている消化しにくい食物繊維や生理活性を示す食品をバランスよく摂って、快食快便の生活が健康にとって大切であるという。

これらの点からも、マコモタケはマコモという植物に黒穂菌が充満していて、三元のうちの二元を具えているすぐれた食品といえる。しかも、食べるヒトには菜食一元と思わせ、知らない間に菌菜二元が同時に摂れるという巧妙な仕組みが、野菜としてまた楽しい。

4　非日常のマコモ文化

マコモは稲作が渡来する以前から日本列島に広く自生している植物である。われわれの祖先が日常生活のなかで利用していたと考えると、イネより古いマコモの文化がどこかに残されているはずである。植物資源学のなかには、ある民族が日常的な衣食住あるいは薬用などに使ってきた植物の知識を現代の科学の目でもう一度見直すというアプローチがある。このような研究分野を民族植物学という。まず、古い書物や言い伝えのなかから捜すのもよいが、そういうものが比較的残っているところといえば、神社、寺院の神事や仏事、民間信仰や伝承行事のなかに残されている可能性がある。

神の敷物、葉薦とマコモ

マコモは神道では欠かすことができない植物である。全国に八万社とも、一〇万社あるともいわれる神社の祭事に、必ずといってよいほどマコモが使われている。その起源は出雲大社、伊勢神宮にある。矢野憲一著『伊勢神宮の衣食住』によると、神宮で使われる葉薦(はごも)の形、材料、つくり方はつぎのようである。

神社の祭祀の形ややり方を集大成した『新撰祭式大成』(一九四二)の「調度装束扁」のなかには、神社で用いられる座臥具(敷物類)の形式がまとめられている。これをみると、『延喜式』に定められている長薦、葉薦、折薦、茅簀薦(かやすごも)、藺薦が現代まで伝えられていることがわかる。これらの材料はチガヤ、スゲ、イグサ、イネ、マコモなどであるが、おもなものは、マコモの乾かした茎葉でつくった葉薦である。

伊勢貞丈(一七一七〜一七八四)が著わした『安斎随筆前編』(一九二九年吉川弘文館出版の復刻版)によると「薦(こも)蓆(むしろ)はマコモという草を編みて蓆になしたる也、禁中神事に用いる」とあり、『神祇提要』(成立年不詳)によると、「凡神之斎庭或遷宮之路道、必布八封薦」(オヨソカミノユニワアルヒハセングウニミダチ、カナラズヤフコモヲシク)とある。

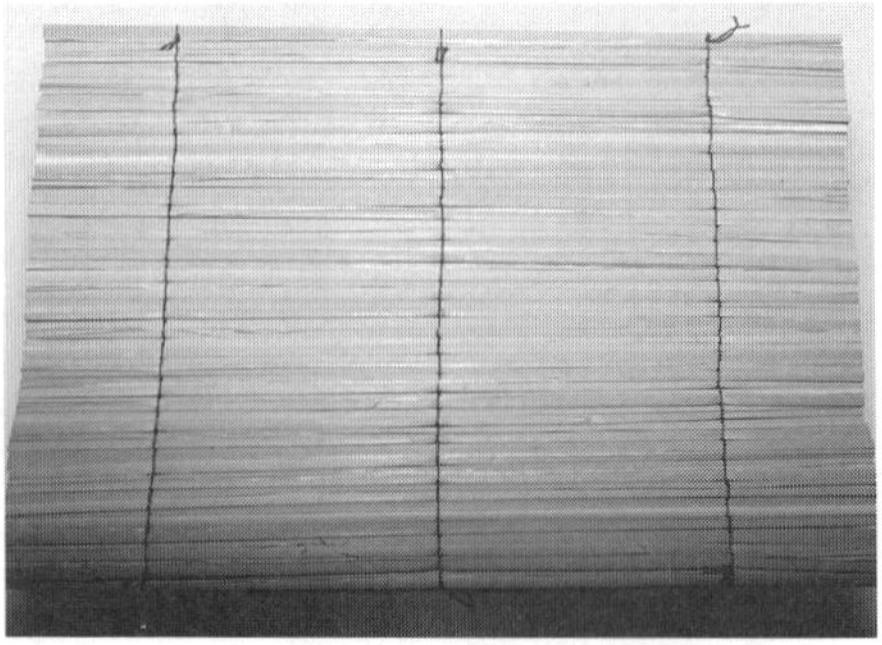

写真4-1　マコモでつくられた葉薦

葉薦は清浄を意味し、清薦、新薦ともいう。祭事の原形は屋外であったので、必ず「案」と呼ぶ机の下には葉薦が敷かれる。また、神撰の儀のとき神様の食事をのせるところにも葉薦が使われている。これを食薦（すごも）といい、いわば、今日のテーブルクロスに当たる。出雲大社などでみられる「真菰の神事」、すなわち神様の通る道にバラのマコモを直接撒いて道を清めるのも、このためである。

葉薦の編み方は、縦に何本かの編み縄を通し、乾燥した茎葉を交互に編みこむ。編縄の本数によって、たとえば八本であれば、その葉薦を「八封薦（やふこも）」という。

全国にあるほとんどの神社ではマコモの葉薦を使っている。しかし、マコモの葉薦を使わない神社がある。大分県の薦神社では、内宮の三角池とそこに生えているマコモがご神体であるという理由から、今日でも敷物に葉薦を使っていない。また宇佐八幡神宮ではご神体がマコモでつくった薦枕であるから、敷物類にはマコモを使わず、イグサを編んだ藺薦が使われている。昔は、材料のマコモは自社で刈り集め、乾燥して編んだにちがいないが、今日では、その原形を残している神社は伊勢神宮と出雲大社以外ほとんどない。

古代において、伊勢神宮で使うマコモをどこで刈り集めたのか、よくわからない。しかし、『延喜式』の「掃部寮」によると、「蔣(こも)一九〇町、河内国茨田郡にあり、刈り得る蔣一〇〇〇囲、菅二〇〇囲、当国の正税をもって運ぶ役夫を雇う」とある。おそらく都の近くに政府直轄のマコモの刈り場があったのだろう。

伊勢神宮の近くにも、いくらでもマコモがあった。昭和三〇年代までは外宮の勾玉池(まがたまいけ)、勢田川の上流にもマコモの自生地があったという。

今では、毎年七月、梅雨明けころ、勾玉池の水面から伸びた青く、枯れ葉がないマコモを腰まで水につかりながら刈り取る。刈り取ったマコモは直径二〇センチくらいの束に縄で束ねる。なかなか骨の折れる作業だという。これが「マコモ刈りの神事」である。刈り取ったマコモは、雨に当たらないように、素早く六日ほど蔭干すると、鮮やかな緑が薄青色になる。

よく乾かしたマコモはパリパリ折れやすい。編む直前に如雨露で軽く打ち水をして全体に湿り気を与えて柔らかくする。編み上がったらふたたび日光に干すと、黄色に変色しにくくなる。伊勢神宮で使っている編み台は、幅四五センチ、長さ一七〇センチ、厚さ一・五センチの板で、二本の脚が両側についている高さ四〇センチくらいの素朴な道具である。おそらく、古くから

写真4-2　伊勢神宮の外宮、勾玉池のマコモ

の形のままであろう。

古式では、編み糸は苧麻（からむし）の繊維だったそうだが、今日では木綿糸である。糸巻きをツヅラコと呼び、これを前後に下げてマコモを交互に編み合わせていく。葭簀（よしず）編みと同じである。神宮では、毎年神嘗祭（かんなめさい）の際に新調されるが、一回に三六〇枚の葉薦が使われているという。

しかし、近ごろは全国のほとんどの神社が、必要とする大きさと枚数を業者に注文する。しかも最近では安い中国産の薦を使う神社が多くなったというから、神様もたまらない。

出雲信仰とマコモ

神代の昔、大国主命は、天孫降臨に先立って葦原中つ国（日本）を開拓して国土を経営していた。天孫降臨の際、この国土を天照大神に奉還した。これを国譲りという。大神はたいそう喜ばれて、大国主命に壮大な宮殿をつくって下賜した。これが出雲大社の始まりだという。出雲地方は今日でも中の海とか宍道湖のような湖沼を持ち、湿地の多い水郷であったと想像される。地方の豪族だった大国主命は、古代人の生活に不可欠の資源だったアシ（ヨシ）で代表される葦原を稲作文化の渡来と同時に水田の適地として開墾し始めたというわけであろう。

出雲大社で今でもおこなわれている祭祀のなかには、明らかに天孫降臨以前の湿原祭祀の名残がみられる。六月一日の涼殿祭（すずみどさい）は、古くから宮司代大神様が避暑に行く基地を見送るという古事に因む。俗にこれを「真菰の神事」という。

この日は、本殿の祭典が終わると、神職一同が本殿の東方約一〇〇メートルにある出雲森（いずものもり）で祭事をおこない、次いで本田鳥居の東にある御手洗井（みたらしのい）に行く。この道筋には立砂が盛られて、その上にマコモが敷かれ、その上を宮司が大御幣を捧げて歩き、御手洗井で黙祷祈念する。この神事が終わると、町民、参拝者は競ってこのマコモをもらい受けて家に持ち帰り、お祀りしたり、風呂に入れたりするという。無病息災、五穀豊穣間違いなしとする信仰である。

元来、このマコモは出雲大社の神霊が宿る田の神とみなされている。古代では多く女神であったから、それに踏まれることによって、稲が豊作になると信じられた。

近ごろでは、この神事が全国的に知られるようになった。マコモの茎葉を乾燥して粉にし、健康食品として販売している業者は競って、この神事のマコモを手に入れたがるという。ここで使われているマコモの大部分は宍道湖や斐川で採取したもので、古来、このあたりが、湿原祭祀の中心地であったと考えられる。

これと同じようなマコモの神事は各地の神社でもおこなわれる。宮崎県日南市にある鵜戸神社のご神体は神武天皇の父君といわれているが、本殿を改修する際、御霊を移す道筋に白布とマコモが敷かれる。その上を神官が御霊を捧げて進む。この儀式は夜、幕で囲ったなかでおこなわれるので、一般の人には見られないという。

出雲大社の本殿の注連縄（しめなわ）は稲わらでつくるが、瑞垣（みずがき）の内側の六社（摂社）は毎年マコモで新しい注連縄につくり替える。この由来はかなり古く、すでに江戸時代の古文書にも記されているという。その起源はよくわからないが、伊勢のイネ文化に対する出雲のマコモ文化の名残かもしれない。

出雲大社では、八月一三日に神幸祭、俗に身逃神事がおこなわれる。この日、すべての門が開かれ、午前一時に狩りの衣装を着た禰宜（ねぎ）たちが右手に青竹の杖、左手にマコモでつくった苞（しば、火だね）と火縄筒を持って本殿の前で祝詞をあげる。つぎの日には、国造邸では表を掃き清めて荒薦を敷き、その上に「案」を置いて身逃神事をおこなうという。

いずれにしてもマコモは聖なる植物である。神事だけでない。奈良の春日大社では、宮司が寝所で休む布団の下にマコモの薦を敷く慣わしが今でもおこなわれているという。

薦神社と薦枕

神道では枕に魂が宿ると考えられている。伊勢神宮、春日大社、石清水八幡宮、住吉神社、熊野本宮、加賀神社などの神宝や装束のなかには「神様の枕」がある。大分県宇佐市にある宇佐神宮は全国にある八幡社の総本社で、そのご神体はマコモでつくった薦枕である。

この枕はどんな形をしているのだろうか。一般の人には知られていない。興味があるので、不敬であるが、いろいろ想像してみた。神職関係の人たちに聞いてみたが、わからなかった。そこでまったく想像の域を脱しないが、「神様の枕」は幅三〇センチの葉薦を直径一五センチほどの太さに巻いたものと考えてみた。真偽のほどは定かでない。矢野憲一著『枕』のなかに、筆者が想像してつくったという薦枕の写真が載っていた。私が考えたものとほぼ同じだった。そして、実際に使ってみた感じでは、薦枕は柔らかいが、湿気を帯びやすく、汗をかくと少々べたつく、スゲでつくった菅枕の方が快適のようだという。

人言の繁きによりてまを薦の同じ枕を吾は纏かじやも（万葉集巻一四）

「人の噂が頻りで気になっても、マヲ薦のひとつ枕をあなたと共にしないことがありましょうぞ。」こんな意味の恋歌で、マヲはカラムシの繊維だそうだ。

このような古事により、宇佐神宮ではマコモを使った葉薦は使わないで、そのかわりにイグサでつくった藺薦が使われているそうだ。

写真4-3　薦神社（大分県中津市）

この宇佐八幡宮と古くから縁深い大分県中津市にある薦神社は、別名大貞神社、薦八幡といわれている。この薦神社の内宮にある三角池に八幡神が現れたと伝えられ、この三角池とそこに生えているマコモをご神体としている。薦神社は湿原を神との交流の場とする自然崇拝のもっとも古い祭祀の原形を伝えている神社であろう。

七一九年（養老三年）、宇佐神宮の神霊が南九州の隼人を静めに向かった折、神のご託宣によって、三角池のマコモで枕をつくらせたところ、それまで手を焼いていた隼人を無事に平定できたという。

それからというもの、四年または六年ごとに薦枕をつくり、ご神体として神輿に納めて、途中の八社をめぐりながら宇佐神宮まで行幸した。これを「行幸会（ぎょうこうえ）」といい、七四九年（天平勝宝元年）から始まったという。この薦枕の行幸会は、八幡神宮の分社にかかわる重要な神事として古くから伝えられてきた。何回も中断され、形を変えながら近年にいたったが、昭和四五年以後は中断されたままだという。

写真4-4　薦神社の三角池

この三角池のマコモは刈り取られた後、磐座の上に置かれて神を迎える。その後、別屋に移されて、神霊のこもる神座（薦枕）を調製する。この枕は宇佐神宮のご神体として捧げられた後で下宮に遷され、さらに大分県杵（き）築（つき）市奈多にある宇佐神宮の摂社であった奈多宮に遷され、ここから古いご神体は海上にある厳島に遷されて龍宮に返されるとともに伊予八幡浜のお宮に送られたという。

薦神社には真薦研究所が付設されていて、氏子や学識者が中心となって三角池の自然保護や、マコモに因む人文、科学の記事を載せた報告書を刊行している。毎年二月一一日にはマコモの葉を粉末にして餅に搗きこんで参詣者に配る行事がある。

写真4-5　神官に捧げ持たれた巻行器

香取神宮の巻行器

香取神宮は千葉県佐原市香取にある。古くから神宮と尊称されたのは、伊勢の皇大神宮のほかには香取神宮、鹿島神宮だけで、天皇家の崇敬を受けている。年間を通してさまざまな祭祀がおこなわれているが、なかでも「大饗祭」は重要である。

この祭りは、神世の昔、祭神の経津主神（ふつぬしのかみ）が、鹿島神宮の祭神武甕槌神（たけみかづちのかみ）とともに国土平定の報告をした後、随従した神々をご馳走して、功績をねぎらった古事によるという。

一一月三〇日の夕方、斎戒沐浴した神官らが炊いた蒸し米を行器（ほかい）に盛って、二人ずつ四組の神官が捧げて神餞殿に向かう。これを御台捧（おだいささげ）といい、この下を女子がくぐると安産するという。神餞殿では、蒸し米を利根川に生えていたマコモでつくった一六個の巻行器（まこもほかい）に盛り替えて神前に供え、庭先で祭儀をおこなう。暗くなった庭には篝火が焚かれる。この後、神官たちは神殿に入って着席して祭事をおこなう。この間、大和舞が舞われる。神前には、干鮭、干鮫、干鯖、羽白鴨、鮒、大根、柚子、鮭胎子などが古式に則って調理され、案の上に敷かれたマコモの食薦に盛って神前に供える。この祭りが終わると、巻行器の蒸し米は祭りに集まった氏子に分け与えられる。これをいただくと、無病息災、厄除けのご利益があるといい伝えられる。

写真4-6　巻行器づくり

マコモは、夏の間に利根川で刈り集めて陰干しておき、大饗祭の数日前、近くの香取地区の氏子の家に集まって巻行器をつくる習わしになっている。木臼に稲わらを入れて、足で踏み込み、そのまわりにマコモを巻いていき、一抱えもある巻行器を一六個つくりあげる。昔は三二個つくったという。神々に腹いっぱいのご馳走を食べていただこうという祭りである。神前に供える蒸し米は必ず巻行器に盛り替えられるのは、食薦を使うのと同じように器を清める意味があると考える。

天王信仰とおみよしさん

愛知県の各地には、昔から「天王信仰」が伝わっている。木曽川沿いにある津島市にある津島神社は全国の総本社で、この地域に伝わる天王信仰の中心である。古くは島津牛頭天王社といわれていたが、今日では「津島天王さん」と親しまれ、疫病や厄除け、授福の神様と信じられている。夏におこなわれる津島祭りはきわめて盛大で、古くから日本三大川祭りのひとつに数えられている。

「西の八坂か、東の津島」

津島祭りは天王迎え、天王祭り、天王送りからなっている。牛頭天王は厄神様で、一カ所に留まっては迷惑である。そこで天王さんを慰撫して余所に行ってもらいたい。そんな願いをこめて「神葭（みよし）神事」がおこなわれる。

この主役の神葭はマコモでなく、ヨシを束ねてつくる。

この神事は九〇日間もかける長い祭事で、神葭刈り、神葭揃い、神葭流し、それから下流の神葭が着岸した土地でおこなわれる神葭祭りからなる。七月の第四日曜日の深夜、古式に則って神職だけでおこなう秘事である。本殿から運び出された神葭は天王川に放流される。天王川は今日では閉ざされて池になってしまい、木曽川の下流に流れなくなった。しかし、昔は下流に着岸した神葭は、「おひともし」といわれて川岸の土手の上に灯明台を設けて参拝し、天王さんをにぎやかに慰撫して、また流し、つぎつぎと下流に移した。江戸時代には、神葭が伊勢湾の各地にまで漂着し、盛大に神葭祭りがおこなわれたという記録が残っている。

関西線弥富駅のホームには、ここが日本一低い駅だそうで、海抜〇・一メートルの表示がみられる。木曽川の河口に近い町で、伊勢湾台風のときは二階まで水に浸かったという。今では文鳥と金魚の飼育で有名である。旧東海道の街道筋の小高い丘の上には今でも「おみよしの松」という一本の老松がみられる。

この地方では、ヨシやマコモは単に川辺や湿地に生えている植物ではない。あくまでも神格を具えた聖なる植物で、厄を流し去ってくれると信じられている。

愛知県海部郡の八開（はちかい）村や立田村は、木曽川河口のデルタ地帯で、たびたびの木曽川の氾濫を防ぐため、村落のまわりを盛り土した。いわゆる、輪中（わじゅう）といい、先祖が生活のなかから考え出した知恵である。

今でもこの一帯では「おみよしさん」と呼ばれている子供祭りが残っている。集落によって「おみよしさん」の日にちは違うが、だいたいが七月下旬の津島祭りのころである。集落ごとに朝早くからマコモ、竹、ヨシ、ガマなどの材料を調達し、土手の上に小さな仮社殿をつくる。この仮社殿を「おみよしさん」と呼んでいる。夕方までに津島神社から拝受してきた天王様のお札をおみよしさんに納める。日が暮れかかると提灯に灯が入って、花火があがる。集落中の大人や子供が着飾って三々五々集まってお参りする。

写真4-7　子供祭りとおみよしさん

翌朝早く、おみよしさんを木曽川に流して厄除けをする。これを御霊送りという。集落のお年寄りの話では、自分たちが子供のころ、ざっと五、六〇年前までは、子供たちだけでおみよしさんをつくったという。おみよしさんは、昔からマコモでつくる習わしであったが、近ごろは集落内にマコモの自生地がほとんどなくなり、かなり遠くまで船で採りに行くようになり、大人の行事になってしまった。おみよしさんができ上がるまで、子供たちは集会場で、昼寝をしたり、遊んだりして時間をすごしている。

津島神社の近くの蟹江（かにえ）町には須成神社の夏祭りがある。ここにも「御葭（みよし）流し」の行事が残っている。津島祭りのような絢爛豪華さはないが、風情のある夏祭りで、地元の老人たちが中心になって、その保存に努力している。

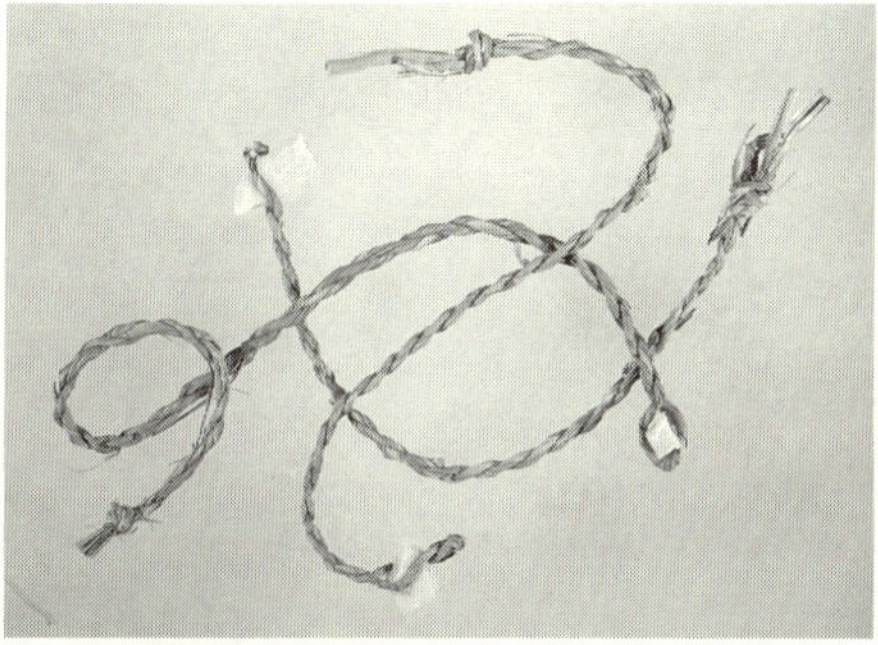

写真4-8　左縄によったマコモに小さな餅をはさんだ「ちまき餅」

祭りの一週間前になると、まず「御葭刈り」の神事がある。二隻の船に若者が乗り込んで、蟹江川を下ってヨシ刈り場に向かう。この時、若者たちは船上より用意してきた「ちまき餅」を両岸の人たちに撒く。

ちまき餅というから、普通にいう「ちまき」を想像していたが、ここではマコモの左縄をよって、小さく刻んだ餅をはさんだものである。

ヨシ刈の一週間前、ちまき餅をはさむマコモ縄をなうために、マコモ刈りをおこなう。このあたりも、今では宅地化が進んでマコモの自生地がなくなってきた。そのため、かなり遠くまで船で行かなければならない。刈り集めたマコモは陰干し、ヨシ刈りの数日前までにちまき餅をはさむ左縄四〇〇〇本がつくられる。

いよいよ、ヨシ刈りの早朝、若者たちは小さく刻んだ餅をマコモ縄にはさんだ「ちまき餅」を用意し、投げる場所ごとに仕分けて箱に入れて船に積みこむ。ここで見られた左縄は「浄」を示すもので、日常生活のなかの縄と区別している。

草でつくったウマとウシ

マコモ、カヤ、イネなどのわらでウマやウシをつくって、七夕やお盆のときに飾る風習は今でも全国的にみられる。もともと農耕用のウマやウシに対する慰労、魔除けの意味から、七夕のとき牽牛星や織女星を迎えたり、お盆のときに先祖を迎える意味がある。

東日本と西日本によってこの風習の意味が違う。

（一）神や仏への感謝、牛馬への慰労

秋田県、岩手県、山形県、宮城県、新潟県、福島県、茨城県、千葉県、東京都、埼玉県など

（二）神や仏への感謝、災い除け
　愛知県、岐阜県、富山県、奈良県、徳島県、高知県など
（三）道祖神、虫送り、塞の神まつり
　新潟県、群馬県、神奈川県、長野県、京都府、兵庫県、鳥取県、岡山県、広島県、島根県、鹿児島県など

　東日本、なかでも房総半島によく残っているカヤカヤウマは、地域によって材料や形が違う。千葉県立房総のむら博物館の調査によると、房総の各地にみられるその形や材料は、地域によってさまざまである。また、マコモのほかに稲わら、麦わら、チガヤが用いられ、また縛るのにはガマ、スゲ、青桐の樹皮も使われる。

　千葉県北部には昔からマコモを材料にした七夕のウマやウシづくりがよく残っているが、この風習も次第に変わったり、なくなりつつある。

　早朝、子供たちはつくったウマやウシを引いて近くの水辺にマコモを刈りに行く。刈ったマコモをウマやウシの背にゆわえて家に戻

表4-1　カヤカヤウマの材料・形の比較

地域	原料	形	種類
西下総型	マコモ	尾が長く、ほっそりタイプ	ウマ
東下総型	マコモ	どっしりタイプ	ウマ・ウシセット
九十九里型	マコモ・小麦わら	装飾タイプ	ウマ・ウシ
安房型	チガヤ	小型	ウマ
内房型	イネわら	中型	ウマ・ウシ

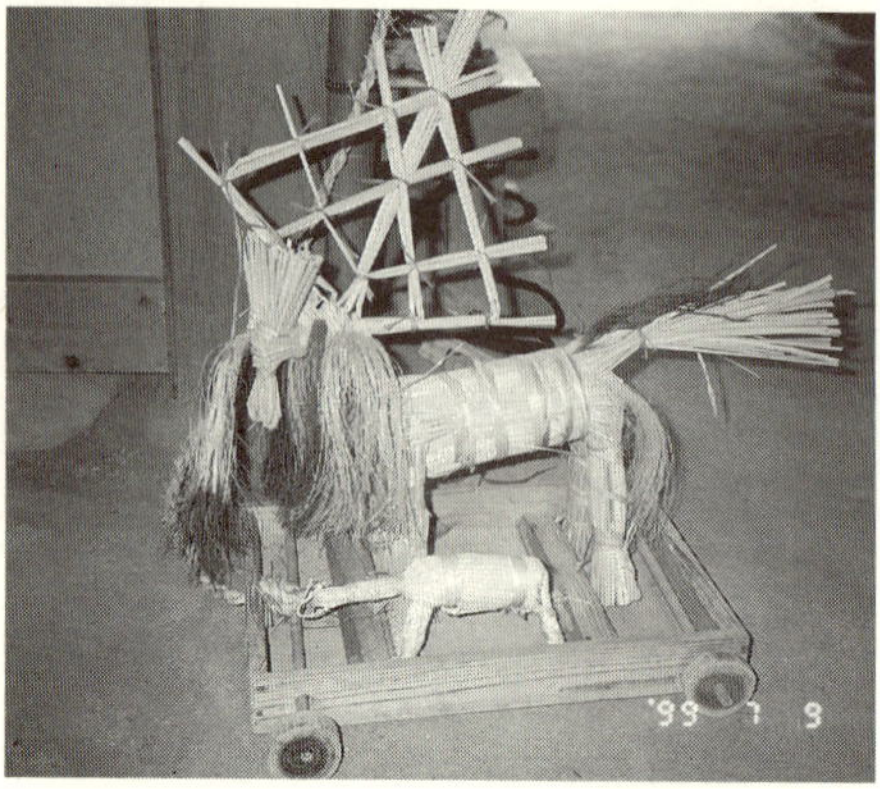

写真4-9　マコモでつくったウマとウシ

ると、マコモを降ろして、ウマやウシを庭先や軒下に飾り、供物を供える。七夕の日、一日で終わることもあるが、数日にわたって飾り続けたり、子供たちが引いて遊ぶこともあり、その後でウマやウシを屋根に投げあげたり、川に流したりする。

農家に欠かせなかった馬や牛の労をねぎらい、家内安全を願ったもので、さらにお盆の行事と重なって先祖の霊を乗せて家に迎え、冥福を祈るため、仏壇の前に敷いた盆茣蓙の上に飾る。所によっては、マコモや稲わらのかわりに曲がったキュウリやナスに四本足をつけることもある。この時期になると、房総のむら博物館では、毎年子供たちにマコモを使ったウマやウシのつくり方を指導している。

昭和の半ばころまでは、各地で盆茣蓙、盆棚つり、精霊船をマコモでつくって、お盆を迎える準備をした。

かつては、どこの川や沼へ行っても、岸辺にはヨシやマコモが生えていたので、ウシやウマの材料に困らなかった。東京都内でも、四〇年くらい前までは各地でこんな行事がみられた。板橋区内にある荒川近くの、通称「赤塚田んぼ」は湿田地帯で、ヨシやマコモがいたるところに群生していた。しかし、今の赤塚は宅地が造成されて、住宅街に変貌し、ヨシやマコモはまったくみられなくなった。

そこで、七夕の時期になると、老人たちがこの七夕飾りのつくり方を教え、星祭りを伝えようと子供たちを集める。

ところが、今では、近くではマコモが手に入らなくなり、材料集めに苦労する。そこで、赤塚では、隣の埼玉県の川越市にある伊佐沼まで行かなければならない。ところが、沼の管理人が、

「マコモは川や沼の水をきれいにするから、勝手に取ってはいけない。もし、どうしてもというなら、建設省の許可が必要だ。」

という。そこで仕方がなく、老人たちは区役所を通じて、マコモ採取願いを建設省に出して一抱えのマコモの茎葉を手に入れたそうである。この話は誠に寂しい、悲しい笑い話である。

無計画な宅地造成、コンクリートで固めた護岸工事によって水辺の植生を変えてしまった行政が一変して、小さな子供の野遊びの材料ほどの量のマコモを採ることを規制してしまうとは、

なんともあきれた話ではないか。

七夕の星祭りの飾りは、葉がついた二本の竹を立てて、その間にマコモで編んだ縄を張って、マコモでつくった雄と雌のウシを結わえる。彦星と織姫が乗ってやってくると信じられて、集まった子供たちは色紙でつくった短冊に思い思いの願いごとを書いてつるし、願いが叶うように祈る。

写真4-10　マコモを使った精霊船づくり

写真4-11　マコモでつくった盆茣蓙

鹿島信仰とマコモ

東北地方は土俗の行事の宝庫である。秋田県には鹿島信仰が今でもよく残っている。そのルーツはかなり古い。一六〇二年、秋田藩の佐竹氏が国替えのときに常陸の国（茨城県）の鹿島神宮を勧進したことに始まるという。

もともと鹿島神宮は東国一の大社である。鹿島信仰は地元の茨城、千葉から青森、秋田にいたる関東以北に広がり、今でも残っている民間信仰で、鹿島踊り、鹿島人形、鹿島流しなどの除厄の行事は、この地域の夏の風物詩になっている。秋田県各地で見られる「厄神さん」はもともと鹿島人形の流れをくむ行事である。

毎年、田植えや一番草取りが終わる七月、農家がちょっと息をつぐころ、集落ごとに稲わらを持ちよって俵を編み、縄をなって重さ一〇〇キロを超える厄神さん

写真4-12　七夕祭りのお飾りのウマとウシ

写真4-13　厄神さん

をつくる。でき上がった厄神さんは、夕食後、力自慢の若者が背負って集落中を練り歩く。エッサ、エッサとかけ声も勇ましく、太鼓を打ち鳴らしながら、若者たちに背負われて村の境に運ばれ、一年間役目を果たした厄神さんと取り替えられる。そこで、古い厄神さんにお神酒と灯明を上げて、一年間のご加護に感謝し、解体して焼く。いわゆる鹿島立ちの行事である。新しい厄神さんを迎え、古式に従って厄神様の腰に巻いた横綱にロウソクを灯して餅を供える。どこかユーモラスな厄神さんは秋田県各地でみられる。また一年間、村を守ってくれるように願う村落共同体の神願の性格が強い。

秋田県の雄物川流域に残る「鹿島祭り」の主役は鹿島船と鹿島様だ。鹿島船の形や材料は地域によって少しずつ違う。今日では稲わらを使うところがほとんどである。しかし、雄物川の河口に近い秋田市新屋地区のように、昔からのマコモにこだわっているところもある。この付近でも、かつてはマコモの群生地がいくらでもあった。しかし、最近では川岸がコンクリートでおおわれるようになったため、川岸の植物相がすっかり変わってしまい、マコモの群生地が非常に少なくなった。地元の新聞も、このあたりの様子を毎年のように報じている。

そこで、いいマコモの確保が集落間で競争になり、数日前になると、いいマコモの群生地を探すため、ほかの集落より早起きして出かける。いい群生地はテープで囲って集落名を記した札を下げる。刈ったマコモはビニールシートでつくったプールに水をはって、そのなかに入れておく。私が訪れた年も新屋地区は丈の高い青々としたマコモをいっぱい手に入れたという。

「鹿島船は青々としたガヅギ（マコモの方言名）でなければなんね。」

この集落の人たちは勢いこんでいう。

鹿島祭りの主役は子供たちだったが、今日では船づくりは大人の役目になった。祭りの前日になると、朝から集落中の大人が総出で、

「まんず、ガヅギを巻いてしまうべ。」

の合図で船づくりにかかる。マコモの束を細縄で船べりに巻つける。

「いいガヅギでな」、「ガヅギのたば　もうちょい太くしてよ。」

と、ガヅギという言葉が飛びかう。完成した鹿島船は長さが五メートルもあるので、使われる

マコモの量も半端ではない。

もともと鹿島船の材料はヨシかマコモだったそうだが、大雄村のような稲作地帯では稲わらがほとんどになったところもある。それでもマコモにこだわり続ける集落もある。新屋地区は、今でも三〇〇年以上の伝統を守って、つぎのように力説する。

「鹿島様の船は、アシもガマも使わね。やっぱし、ガヅギでねば。」

厄神さんと同じ時期に、鹿島流しの厄除けの行事がある。若武者風の鹿島様が集落の各家庭からこぞって鹿島船に乗り込んで船出する。

横手市白万刈に二〇〇年前から伝わる「百落ち鹿島流し」の行事は、毎年七月一五日に近い土曜日におこなわれる。この行事では子供の成長と無病息災、悪霊退散を願い、夜七時になると、長さ五メートル、幅一・五メートルの屋形船にローソクをたくさん灯す。餅を背負わせた鹿島人形を船に乗せ、太鼓や笛のお囃子もにぎやかに子供たちが集落中をまわる。その後、大戸川に船を流し筏に乗ったお囃子とともに川を下る。

集落によっては、八月の送り盆に天明年間の飢饉で餓死した人たちの霊を慰める精霊船の行事と重なっていることもある。

大雄村に伝わる鹿島様は今でもマコモでつくる。高さ六〇センチほど、両手をいっぱいに広

写真4-14　鹿島様づくり

写真4-15　できあがった鹿島様

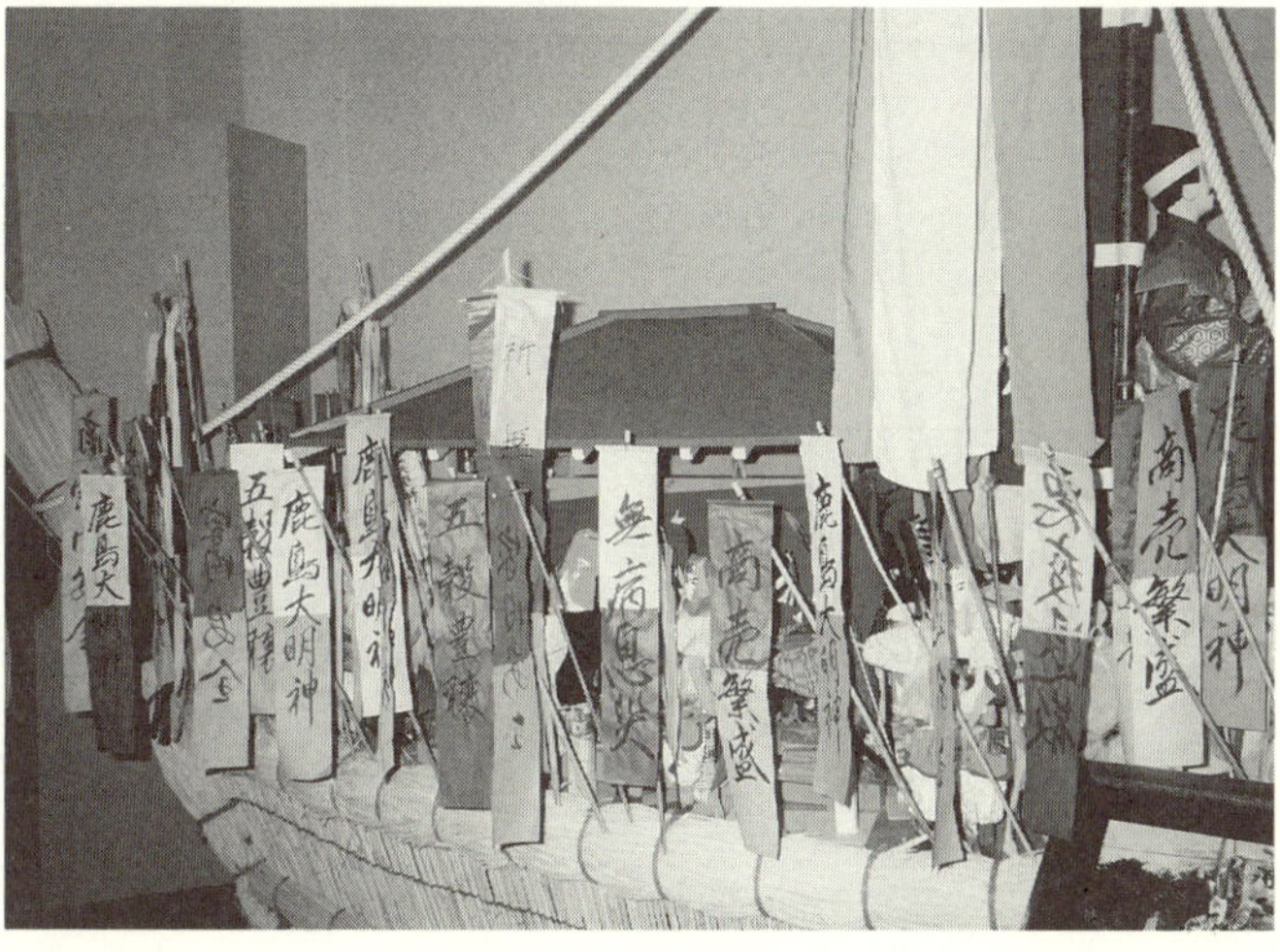

写真4-16　鹿島船

げた凜々しい武者姿。裃をつけて、腰には二本の刀を差し、背には弁当と勇ましい幟を立てる。

常盤国鹿島郡加勢　鹿島大明神　五穀豊穣　除厄

と、墨痕あざやかな旗印をひるがえして鹿島船の舳(へさき)に立った鹿島様は勇壮だ。

集落中を練り歩いた鹿島船は近くの川に流していた。しかし、近ごろは川に流すことが禁じられて、川べりで燃やしてしまう。これも河川環境のためだそうだ。

このごろは鹿島様をつくれる若い人がいなくなった、と嘆く年寄りに鹿島様をつくってもらった。その手さばきはさすがに熟練の腕前だった。マコモを結わえながら胴体と両足、両手、頭をつぎつぎにつくりあげ、顔を紙に書いて貼りつける。頭にエビモを乾かしてかぶせ、ざっと一時間くらいででき上がった。

5　マコモの栽培と利用

一九八〇年代はじめころから、増え続ける各地の休耕田にマコモを導入しようと呼びかけてきたが、最近ようやく一部で定着の兆しが見えてきた。そこで、ここでは、中国上海付近での標準的な栽培法を述べている顧元龍著『茭白』をもとに、マコモの栽培法を紹介しよう。また、マコモタケは、みずみずしく、白色で、味がまろやかである。中国では大衆的な野菜であるが、まだわが国では消費者に十分に知られていないので、ここでは、実際の食べ方も紹介しよう。

中国におけるマコモの栽培の歴史は古い。一〇〇〇年以上も前にさかのぼる。マコモはもともと、熱帯から温帯にかけて広く分布し、わが国でもかつては各地に自生していた植物だけに、栽培は比較的やさしい。灌水できるところ、地下水位が高いところ、低湿なところであれば適

写真5-1　中国のマコモタケ売り

地を選ばない。

中国では、収穫は年に二回おこなわれる。一回目は五〜六月ころ、夏野菜がまだそれほど出まわらないときである。二回目は九〜一〇月ころで、ちょうど夏から秋にかけての野菜の端境期に当たる。しかし、わが国ではまだ栽培技術が進んでいないため、二回の収穫はむずかしく、秋に集中する。

中国では、上海、無錫、蘇州付近がもっとも栽培が多いが、この付近でも一〇〇年ほど前には、わずかしか栽培されていなかったという。現在のように栽培面積が広がったのは、三、四〇年前からである。わが国では、沖縄、鹿児島、石川、静岡、埼玉、千葉、茨城などで、単発的に、試行錯誤を繰り返しながら栽培している。現在は、まだ産地を形成するまでにはいたっていないが、休耕田への転換作物としては有望である。

マコモの性状と成育特性

マコモはすでに述べたように、多年生の水生植物である。冬季には地上部が枯れても、地下茎で越冬し、翌春になると、茎節部から芽が出て新しい株になる。側根は短く、根毛がない。茎には地上茎と地下茎がある。地上茎は短くその先端から葉鞘が伸びて一部は土中に隠れている。地上茎は通常四節からなり、夏から秋にかけて花茎が伸びる。この花茎の下部の三節くらいが黒穂菌の刺激によって肥大してマコモタケになる。古い地下茎は褐色で節間が短く、しかも硬くなり、茎節の下部にひげ根を生ずる。茎節には側芽が互生し、成育すると、これが新しい株になる。

葉は葉片と葉鞘(ようしょう)からなる。葉片は長く一〜一・三メートル、葉鞘は肥厚して長さが三〇〜

四〇センチメートルになる。葉鞘の外側は緑色だが、内側は白色で、水に浸っていると、内外とも白っぽくなる。葉鞘は地面の上にあるから茎のようにみえる。葉が発育すると、葉片と葉鞘の境に栽培型では白色、野生型では紅色の葉基が現れる。葉基をマコモの眼（中国では茭白眼）という。その内側に比較的大きい葉耳（ようじ）がある。

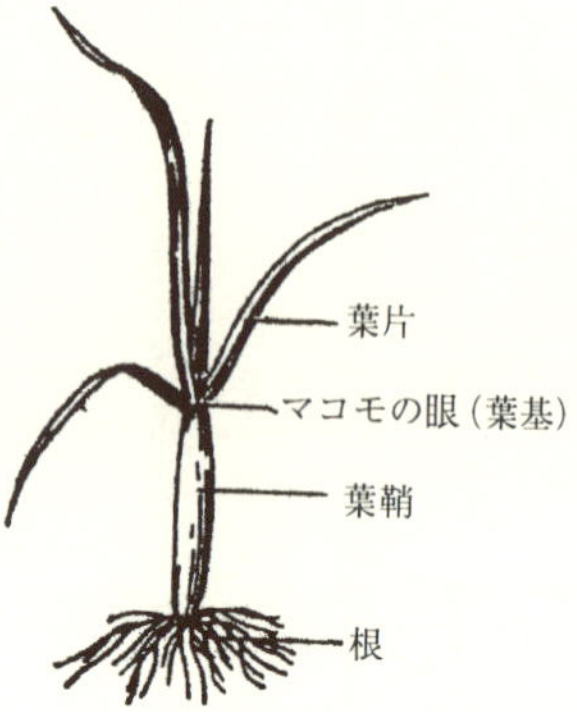

図5-1　マコモの植え株の形態

茎は黒穂菌が寄生しないと肥大しない。このようなマコモは幼穂が分化し、穂が出て、開花する。黒穂菌が寄生しているにもかかわらず、栽培中に穂が出ることがあり、こうした株を公株または雄茭といい、みつけ次第抜き取っている。

花序は円錐形で、各分枝の上部に雌花、下部に雄花をつける。受精すると、黒色、長形で両端が細くなった種子ができる。これをマコモノミ（茭米）という。

繁殖は株分けによる。発育はつぎの四段階に分けられる。

（1）萌芽期

冬季、親株は地中で短縮茎や地下茎の状態で、休眠したまま越冬する。翌春、気温が上がると、萌芽し、新しい葉を出して新株になる。マコモは芽の着生位置が不揃いなため、萌芽の早いものとおそいものがある。短縮茎の上部の芽は下部の芽より早く萌芽する。また地下茎の先の方につく芽の方が元の方につく芽より早く萌芽する。萌芽の早い芽とおそい芽では、萌芽の始まりに一〇日間くらいの差がある。

萌芽の最低温度は五℃以上であり、一〇～二〇℃になると発育がよくなる。東京付近では三月下旬～四月中旬ころである。

（2）分げつ期

春、新しい株が最初の葉を五～六枚つけると、その基部から分げつが始まり、株が大きくなる。第一次分げつ枝がある程度大きくなると、その基部から第二次分げつが起こる。分げつは五月上旬から八月下旬まで周期的に続き、一〇～二〇本になる。そのうちの一部が有効分げつで、そのなかにも成育に早晩がみられる。したがって、分げつは収量や品質に影響する。中国では、もっともよい有効分げつのことを「一早二壮」という。「早」とは七月中旬までに分げつし、これが秋にはマコモタケになる。「壮」とは生殖成長に対応する茎の肥大化を指す。栽培では、このような条件にあったマコモの成育を促すことが望ましい。

花茎の肥大化が始まるころには、草丈はすでに一・二メートル以上になり、大きい葉が五枚

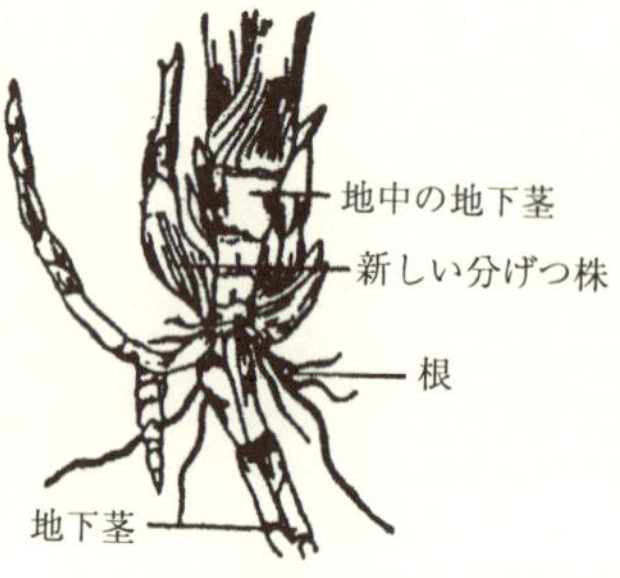

図5-2　マコモの分げつ状態

以上つく。葉は深緑色、葉先が垂れ下がり、草丈が少し低くみえるようになる。有効分げつは温度、光、肥料などの総合的管理によって発生や成育が左右される。

分げつの適温は二〇〜三〇℃、分げつの前期には地温が上昇すること、後期には地温は低下することが望ましい。地温は灌水の深さで調節する。この段階では、まだ十分な日射量が必要である。分げつが多すぎると、互いに成長が競合し、日光がさえぎられるため成育が悪くなる。分げつは一〇アール当たり六万本、そのうち有効分げつが三万本くらいあるのがよいといわれているが、これはおおよその目安である。

（3）肥大期

マコモは、種類や品種によって花茎の肥大成長の状態に違いがみられる。年に二回肥大する夏秋産マコモ（中国では二季茭という）は、早春に萌芽したものや成長が早いものは、条件がいいと四月中旬〜下旬には肥大が始まる。二回目に萌芽したものや成長がおそいものは八月下旬〜九月下旬に肥大が始まる。一方、秋産マコモ（中国では単季茭という）は、萌芽や成長の早晩に関係なく、八月下旬～九月上旬に肥大化する。

肥大化の適温は、一五～二五℃、最低一五℃、最高三〇℃であり、一〇℃以下や三〇℃以上では肥大しない。夏秋産マコモは夏季の高温下では肥大しない。七～八月でも、最高温度が三〇℃以下のところでは肥大する。なぜ高温や低温下では肥大しないのだろうか。これは、おそらく組織のなかの黒穂菌の成育の適温が一五～二五℃であるために、高温や低温では成育が停止することが原因しているのではないかと考えられる。

黒穂菌は冬季には地下茎に存在し、春、萌芽期になると新芽に移行する。その後、黒穂菌は花茎に達すると、インドール酢酸のようなホルモンを盛んに分泌して、マコモの細胞を刺激し、そのためマコモは細胞分裂が活発になる。活発に細胞分裂が起こっている茎では、細長い紡錘形の菌糸窩（きんしか）（黒穂菌の増殖巣）が組織内に無数にできる。同時に、葉の同化養分は菌糸窩に移行して蓄えられ、マコモの茎はみずみずしい白色のマコモタケになる。

マコモタケは肥大後の適期に収穫しないと、黒穂菌が増殖を続け、次第に黒穂胞子を形成して黒く粉状になる。これをマコモズミ、中国では灰茭といい、このような状態になったものは食用にはならない。これを、鹿児島や沖縄では「土が上がった」という。さらに、株の成育が強すぎて黒穂菌の成育が追いつかない場合にも肥大が起こらない。これらの株はみつけ次第に抜き取る。

（4）成長停止・休眠期

マコモは、気温が一五℃以下になると、地上部の成長や分げつが止まり、体内の養分は短縮茎や地下茎の芽に移行する。芽の外側は革質の鱗片状の苞葉（ほうよう）でおおわれた状態で越冬する。温度が五℃以下になると地上部は枯れて休眠する。しかし、黒穂菌が感染している栽培型マコモは低温になっても、比較的おそくまで葉が緑色を保っている。

種類と品種

マコモの品種は中国各地で選抜されたものであり、地方品種というべきかもしれない。肥大期の違いによって、年二回肥大する夏秋産マコモ類と、年一回肥大する秋産マコモ類に分ける。

（1）夏秋産マコモ類

夏秋産マコモ類は、年二回肥大する品種群である。場合によっては、二年に三回収穫することもある。一年目の四月中、下旬に植えつけ、その年の九月下旬〜一〇月上旬に収穫を始める。これを秋マコモ（中国では、秋茭、新茭、米茭）という。翌年は五月下旬〜六月上旬に収穫を始める。これを夏マコモ（中国では、夏茭、老茭、麦茭）という。その年の秋には三回目の収穫ができる。しかし、生産量は一、二回目が多い。一般にイネやほかの作物と輪作することが多い。上海市、江蘇、浙江省一帯にはつぎのような品種がある。なお、品種名は中国の呼び名である。

①小台　早生種。原産地は蘇州。九月下旬と五月下旬ころ収穫できる。品質は比較的良好。

②中台　早生あるいは中生種。原産地は蘇州。収穫は「小台」より七日ぐらいおそいが、収量が多く、品質は良好。

③仲介茭　中生種。原産地は無錫。この品種は晩生種の「紅花売茭」から選抜した品種である。秋季は九月下旬から、夏季は五月下旬～六月上旬に収穫を始める。肉質がいくぶん粗いが、柔らかく、みずみずしく、白色、表皮にはしわがある。品質優秀、収量も多い。

④黄茭　晩生種。原産地は江蘇省常熟。秋季は一〇月上旬、夏季は六月下旬に収穫できる。肉質はやや粗く、硬い。収量は比較的高い。

⑤紆子茭　比較的晩生種。原産地は杭州。形が「紆子（かんし）」に似ている。肉質が粗いが、品質がよく、収量が多い。

（2）秋産マコモ類

春季あるいは夏季に植えつけて、収穫は毎年秋季に一回おこなう。一度植えつけると、二〜三年連続して収穫できるが、その後は休ませた方が高い収量を維持できる。この種類の品種は各地にみられる。

中国では、上海、江蘇、浙江一帯の主要品種として「寒興茭」、「象牙茭」がある。湖南省の「青麻売」、「紅麻売」、雲南省の「大白茭」、四川省の「魚尾笋」、「羅漢笋」、広東省の「軟尾茭笋」、「硬尾茭笋」、山東省の「大青苗」なども同じ種類である。

①寒興茭　原産地は江蘇省の常熟。株はやや低い。毎年九月上旬〜一〇月下旬まで収穫できる。適応性が強く、河川のそばだったら、どこでも栽培できる。

②象牙茭　原産地は浙江省の杭州。株は低いが、成長は旺盛で、マコモタケは大きく、棒状できれいな白色をしている。収穫は九月上旬〜一〇月下旬である。

栽培管理

マコモは野生に近いので、栽培は粗放でよいと考えがちであるが、これは間違いである。肥培管理がよくて、はじめて成育がよく、よい品質のマコモタケが高収量で得られる。

（一）土地の選択

日光が十分に当たり、通風がよい場所が望ましい。耕土が深く、有機質に富み、肥沃な粘土質の土壌が最適である。マコモの栽培では、病害虫が発生しやすく、肥料の要求量が大きいために連作はできない。連作すると、品質や収量が低下する。そのため、土地が高いところではほかの野菜と、また低いところではイネやほかの水生野菜、たとえばレンコンなどとの輪作が望ましい。

（二）整地と基肥

前作が水稲の場合は、秋季に水稲を収穫した後、水田の水を切って、冬の間は二〇〜二五センチの深さに耕して有機物や残渣物の分解を促す。前作が野菜の場合には、収穫後すぐに耕す。その後、元肥を施して地ならしをしておく。元肥を多量に与える方がよい。厩肥を一〇アールあたり六・四〜七・三トン、あるいは河川の汚泥を一八トンくらい施す。整地のとき、圃場のまわりに畦をつくる。これは漏水を防ぐためで、その後、灌水してよくならす。

（三）栽植

植えつけは、春植えと秋植えに分けられる。

（1）春植え

日本では、中国の上海と同じように春植えが多い。

①株分け　マコモの繁殖は株分けによる。栽植前に、まず株分けする。株は別の圃場から持ってくるが、母株は前年の一二月から翌年の一月までに株分けして育苗圃に移植しておく。苗床はその前に整地し、あぜをつくっておき、一株、一株ていねいに植えつける。移植後、浅く灌水する。三月上旬までに一回糞尿を施した方がよい。そして四月中旬に圃場に移す。もし苗床を使わない場合には、前年の圃場から直接株分けして移植する。

母株の選抜は非常に重要である。成育の旺盛な株は灰茭や雄茭になることがある。具体的な選抜法については後に述べる。

古い茎は刃物を使って切り取る。切り口を斜めにしたり、引きちぎったりしないで、まっすぐに切り取る方がいい。この時母株を傷つけないように注意して、株に五～六本の根がついたままになるようにすると、移植後の活着が早い。株分け後は、新葉を短く切り取って水分の蒸散を防ぐ。

②栽植時期　春植えの時期は四月上旬～中旬。しかし、二月～三月上旬に早植えすることもある。早期栽培では、年内に夏マコモと秋マコモの二回の収穫を目標にしている。収量は普通

作に比べると三〇～五〇パーセント高いが、施肥量も当然多くなり、管理も複雑になる。

③栽植方法　田植えのように横縄を張って植える。株間を等距離にする正常植えと、二行ごとに広い間隔をとる二条並木植えがある。後者の方が風や光の透過がいいので、よくおこなわれている。

栽植密度は土壌の肥沃の程度によって異なる。肥えた土壌では、正常植えの場合、株間は七〇センチぐらいにし、栽植密度は一〇アール当たり二〇〇〇株であるが、二条並木植えの場合では広い行間を七五センチ、狭い行間を六六センチぐらいとり、栽植密度は一〇アールあたり約二三〇〇株となる。しかし、やせた土地では一〇アール当たり正常植えで二七〇〇株、二条並木植えで三〇〇〇株くらいが目安である。

写真5-2　マコモの栽培（千葉県佐倉市）

灌水が深すぎると分げつしにくい。また浅すぎると活着しにくく、倒伏しやすい。一般に、古い根を一〇センチぐらいつけて植えつけるのがよい。それ以上長い根は切り取る。

（2）秋植え

中国の浙江省の宇波でかなり広くおこなわれている。秋植えには二とおりある。そのひとつは、七月はじめに別の圃場（つまり、夏マコモを取った後の圃場）から株分けして直接新しい圃場に移植する方法であり、もうひとつは、やはり七月はじめころ株分けした株をレンコン田の縁に仮植えしておき、八月上旬に本田に植え替える方法である。後者の仮植えした株は、すでに移植前に一・三メートルほどに成長しており、分げつも進んでいる。移植するときに古い葉を取り去り、手で苗を二～三本ずつに引きさいて、一株にする。また葉を三分の一くらい切り取って、水分の蒸散や倒伏を防ぐ。このようにすると、植えつけ時期が高温でも活着がいい。

秋植えは年内の成育期間が短く、すでに分げつ期をすぎているので、収量は当然少なくなる。しかし、土地の集約性が高まる。すなわち、秋に利用されないレンコン田、水田、イグサ田の後作にすると、土地の利用度は高まる。また母株がもともと夏マコモ田の株であるから品質や純度が高く、収量も上がる。

圃場の管理はつぎのとおりである。

○灌漑　成育の時期によって水の要求量が違うので、このことを理解する必要がある。植えつけ後、分げつ前期（一般に梅雨前）には水位を五～六センチに保ち、浅水にする。これは分げつと発根を促すためである。分げつ後期（一般に梅雨前期より梅雨明けまで）には、水深を一〇センチぐらいにやや深くして、地温の低下をはかり、病害や無効分げつの発生を抑える。この時期には花茎の成長が始まり、水の要求量が多くなる。大暑（七月二二日、二三日ころ）までは気温が上がるので、さらに水深を深く、だいたい一三～一六センチにして地温を低下させると、病害の発生や無効分げつを抑える効果がある。

この時期に水を落として日干しすると、地上部の成長が止まり、地下部に活力を与えることができる。その後、肥大期にふたたび二〇センチ以上の深水にする。しかし葉基（マコモの眼、茭白眼）が水に浸らない程度にする。このことによって、肉質が白く柔らかでみずみずしいマコモタケ（茭肉）が得られる。

○追肥　マコモの成長期間は長く、肥料の要求が多い。したがって元肥が正常な成長を保証するとしたら、追肥は成長するにつれて不足しがちになる養分を補うためのものである。

四月に植えつけた新マコモには、追肥を二～三回与える。植えつけから一〇日後、一〇アールあたり人糞九〇〇キロを施す。この追肥は、成長や分げつを促進するので、促苗肥という。しかし、元肥を多く施した場合には、促苗肥を施す必要はない。第一回の追肥から一〇日後に人糞尿を一〇アールあたり二・七トン施す。これを催苗肥という。もし促苗肥を施さなかった場合にはこの催苗肥は植えつけ後一五日目くらいで与える。その後しばらくの間は追肥をしないで、八月中旬ころにかけて花茎が次第に肥大する時期に人糞尿を一〇アールあたり三・六〜四・五トンあるいは硫安四五〜五四キロを施す。これは肥大を促すためのもので、催茭肥という。催茭肥の時期が早すぎると病気を起こし、おそいと収量は少なくなるので注意しなければならない。二〜三月に植えつけたマコモには、年内に三〜四回追肥が必要である。一回目、二回目の追肥は、植えつけ後一五日ほどしてからおこなう。三回目の追肥は夏マコモを収穫した後、一般に七月中旬ころ、人糞尿を一〇アールあたり四・五〜五・五トン施す。この施肥は重要で、秋マコモの収量に大きく影響する。これは夏マコモを収穫した後、マコモの株が小さくなり、株分けや分げつに大量の養分を消耗するからである。夏マコモの収穫から秋マコモの収穫までの期間は短いため、この追肥が重要となる。四回目の追肥は八月中旬ころに、一〇アールあたり硫安四五〜五五キロを施す。

秋植えの新マコモは年内の成長期間が短いため、栽植後一〇〜一五日ごろに、一〇アールあたり人糞尿二・七〜三・六トンを施すのが普通である。

○中耕と除草　中耕は土壌の団粒性をよくし、追肥の分解を促し、除草の役目も果たす。また病害虫の発生を減少させ、老根の切断と新根の形成を促すので、植物体を強健にする効果がある。したがって中耕は重要な作業のひとつである。

中耕の回数は、その土壌や雑草の多少によって一定していない。一般には二回おこなう。一回目は植えつけ一五日後、水を落として天地返しのようにしておこない、その後ふたたび灌水する。二回目の中耕は、さらに一五日くらいたってからおこなう。雑草が多すぎて、中耕では取りのぞけない場合は、手で除草しなければならない。

○除けつと摘葉　植えつけてから一ヵ月後、成育に応じて除けつと摘葉をおこなう。これは通風と透光性をよくするための作業である。この時、小さい分げつ株は取りのぞき、株の中心から直径一〇センチ以内に一株が収まるくらいにする。成育が悪い株は補植する必要がある。

八月になると、その年に植えつけたマコモは大きくなるので、一〜二回古い葉を摘む。黄色くなった葉や枯れた葉は土中に踏みこみ、緑肥にする。このとき株を傷めないように気をつける。夏秋産マコモ類では、年二回おこなうが、第一回目は夏マコモの収穫後すぐに、また二回目は八月中におこなう。

○古い圃場の管理　秋マコモの収穫後から翌年の夏マコモ収穫までの圃場管理は新田より簡単

である。老根を早く除去すること、早く灌水すること、早く施肥することが翌年の夏マコモの収量を高めるために重要である。これを中国では「三早」という。

①老根の早期除去　新しいマコモ田では、一二月中旬前に水を引き、土を乾かしてから整地し、古い葉や枯れ葉を取りのぞく。このようにすると、翌年高い収量がみこまれる。また同時に雄茭株を取りのぞき、老根（その年にマコモを収穫した後の古い根）も引き抜く。たまに引き抜けなかった老根上に新株ができ、翌年の母株になることがある。しかし、ほとんどが地下茎の芽から出たものである。養分は成育のよい株に集中して吸収されるので、さらに成長がよくなり、収量もいっそう高くなる。

②早期灌水　老根を除去した後、一月中旬ころまで灌水する。深くする必要はない。ひたひたする程度でよい。さらに二月中旬ころまで水深五～六センチぐらいに保ち、さらに三月下旬までは水深を一五センチぐらいにする。このようにすると萌芽が早められる。

③早期施肥　一月末～二月上旬にかけて灌水と合わせて人糞尿を一〇アールあたり三・六～四・五トンと河川の汚泥を一〇アールあたり一八トン施す。四月上旬になったら、ふたたび一回目の催苗肥として、成育状況に応じて一〇アールあたり人糞尿を一・八トンまたは硫安二七キロを施す。早期施肥は成長に有利である。古いマコモ田でも早期出苗、結実、

早期収穫の「三早」が大切である。これによってマコモの成長期間を延ばし、収量を高める効果がある。

病害虫防除

マコモはイネ科の植物であるため、イネやムギ類と類似の病害虫が問題となる。

（1）病害

これまでマコモは成長が早く、病害に比較的強いといわれてきた。しかし、近年、栽培の集約化によって、サビ病、紋枯れ病、イモチ病などの病気が発生し、収量に影響してくる場合があることが知られるようになった。

○サビ病　サビ病には桿サビ、葉サビ、条サビの三種類がある。葉に小さい黄色の胞子堆がで（ほうしたい）きるもので、葉や葉鞘にまで広がると、マコモは枯死する。七～八月に発生しやすい。

〈防除法〉

耕種的防除　灌水を深くして地温の低下をはかる。有機物を多く施用して、抵抗性を高める。

薬剤防除　〇・三～〇・五度の石灰硫黄合剤、ジネブダイセン八〇パーセント水和剤六〇〇〇〜八〇〇倍液、ジクロン二五〇倍液などを七〜一〇日ごとに二〜三回散布する。

〇紋枯れ病　初期には水面近くの葉鞘に発生する。罹病した葉には楕円形、暗緑色の病斑が生ずる。この病斑は次第に拡大して灰白色になるが、葉は次第に灰緑色となる。病斑は下部より出始め上部に広がる。高温多湿の条件下で、さらに風通しや透光性が悪いと発生しやすい。

〈防除法〉

耕種的防除　窒素過多を避ける。有機物を施用し、黄葉、枯れ葉を除去する。結実期の浅水灌漑などは発病を少なくする。

薬剤防除　有機ヒ素水和剤（モンサ水和剤）一五〇〇倍液を散布する。

〇イモチ病（一名稲熱病）　症状が激しいときは、葉が焼け焦げたようになり、遠くからでも燃えたようにみえる。

〈防除法〉

耕種的防除　紋枯れ病と同じようにおこなう。

薬剤防除　五〇パーセントのキタジン乳剤五〇〇〜八〇〇倍液を散布する。

（2）虫害とその防除

主要な害虫としては、ニカメイガ（ニカメイチュウ）、アブラムシ、ヨコバイなどがある。

○ニカメイガ　マコモだけでなく、イネにも被害が大きい。普通は年二世代、九州、沖縄では三世代が発生する。老熟した幼虫が稲わらや切り株のなかで越冬する。普通、第二世代の発蛾最盛期は八月、幼虫期間は約三〇日、孵化直後の若齢期の幼虫は集団をなしているが、次第に分散して被害が広がる。

〈防除法〉

灌水によるサナギの防除　ニカメイガのサナギは根株に近い茎のなかにいるので、普通は、三～四日間深めに灌水することで、大量のサナギを殺すことができる。

誘蛾灯による誘殺　夜間誘蛾灯をつけて成虫を集めて殺す。

性ホルモンによる誘殺（雌成虫が発生する雄成虫を誘因するホルモンをトラップにしみこませてマコモ田につるし、集まってきた雄成虫を殺す。）

薬剤防除　二五パーセントＰＭＰ剤五〇〇～七〇〇倍液を七月下旬～八月上旬ころ散布し、その後の被害に応じて散布を繰り返す。

○アブラムシ　食害されると、葉は黄色くなって巻き上がり、成長がおくれて収量も減少する。

〈防除法〉

薬剤防除　四〇パーセントのジメトエート乳剤二〇〇〇倍液を散布する。

○ヨコバイ類　年五回発生し、成虫は葉の上で吸汁する。孵化直後の若虫は葉の基部や下部で集団をなしている。一〇～一〇〇匹の若虫、成虫が葉に口針を刺して吸汁するので、葉が火で焼けたようになって枯れる。

〈防除法〉

薬剤防除　五〇パーセントのマラソン乳剤二〇〇〇～二五〇〇倍液を散布する。

千葉県における栽培の試み

千葉県農業試験場では、長島らによって一九八八年からマコモを導入し、試験的に栽培をおこなって、栽培指針をつくっている。現在、この指針に沿って佐倉市、佐原市の数戸の農家が、各戸の経営にあわせてマコモを栽培し、市場に出荷している。

それぞれの農家の経営は、露地野菜・水稲、水稲・露地野菜、酪農・水稲で、いずれも就労者は二～三名である。品種は千葉早生系、栽培圃場は灌水用の井戸があるか、河川に接するなど、水利がよい場所に位置し、各戸一圃場で一〇～一五アールをマコモ栽培にあてている。

株分け・育苗は三月下旬から四月中旬、移植は水稲移植後の五月中・下旬におこなった。育苗期間は三〇～四〇日であった。収穫は水稲刈り取り後、千葉早生系では九月下旬～一〇月中旬、昆明系では一〇月中旬～一一月中旬であった。

収穫したマコモタケは一部を直売場で販売し、残りは主力野菜の出荷に合わせて、JAを通して、東京、横浜、その他へ出荷している。

マコモタケの調製・出荷は肥大部を三〇センチに切りそろえ、ポリ袋に一キロ詰めにし、四袋で一箱（四キロ）とした。また、箱のなかに食べ方の説明書を同封する工夫もした。規格は表のとおりである。

東京市場に出荷されるマコモタケは、国内産と輸入ものに分けられ、平成五～七年の出荷量は、千葉県産が一三〇〇～一七〇〇キロで市場占有率は二〇パーセントであった。平均価格は一キロあたり千葉県産四〇〇〇円に比べて、外国産は一二〇〇～一五〇〇円といちじるしく差があった。この差の原因として、長島（一九九九）は次のように経営分析している。

千葉県の出荷型をみると、L級から開始し二L級を多く採取する安定栽培型と、収穫時期がやや早めでL級がやや多い変動型がみら

表5-1 千葉県におけるマコモタケの規格

規格	1本当たりの重さ(g)	4キロ箱当たりの本数
2L	151g以上	7本以下
L	80-150g	8-12本
M	50-79g	13-20本
S	M以下	
B	曲がりなど	

写真5-3　マコモタケの出荷前の調製

れた。四キロ箱あたりの平均単価は平成四年一〇月下旬には二L級が三〇〇〇円、一一月上旬出荷のL級は一五〇〇円であった。平成八年では、九月末出荷の二L級は一五〇〇円、L級は一二〇〇円、一〇月以降の二L級は一〇〇〇～一二〇〇円、L級は八〇〇～一〇〇〇円であった。

輸入型は入荷量が多く、四～一〇月までは平均単価も高く、安定している。千葉県は、まだ後進産地である。今後の技術的改善によって高い収益性を期待できる。

マコモ栽培農家はいずれも水稲を栽培し、はじめは、水田転作の一環としてマコモを導入した。しかし、収穫作業以外の労働力がほかの野菜類に比べて少ないこと、また収穫期間が二〇日程度と短いため、ほかの作物の栽培と組み合わせられることなどが利点として挙げられる。今後、現在の農家の栽培面積を大幅に拡大することはむずかしいが、市場への出荷でも現状の一〇アールあたり三〇〇箱の収量が見こめることから、十分に経営に寄与すると考えられる。

世界のコメの研究者が注目する中国浙江省の「河姆渡遺跡」は七〇〇〇年前の稲作跡で知られている。この遺跡のある河姆渡村はほかの村より豊かである。銭旭輝さんは「マコモのおかげだ。コメは食べる分さえ穫れれば十分さ」と満面に笑みを浮かべる。これは一九九一年一月の河北新報に連載された『オリザの環』四九の記事の一部である。世界有数の稲作の歴史をもつ地域の水田から稲が消えてマコモだけになってしまいそうである。

収穫と貯蔵

適期に収穫したマコモタケは、収量、品質ともにすぐれている。早すぎると、肉質が柔らかすぎ、口当たりも悪く、収量も少なくなる。またおそすぎると、肉質が青く、硬くなり、品質が悪く、さらにおそくなると、いわゆる「灰茭」になり、食用にならない。

収穫の時期は、一般に外側の三枚の葉が長く生え揃い、中心部の葉が短くちぢれ、花茎部がふくれて、葉鞘の一部がめくれて成熟した茭肉（茭白または露白）が露出した時が適期である。しかし、春マコモの収穫時期に気温が高いと、成熟が急激に進み、マコモタケは青くなりやすいので、この場合は、成熟した茭肉が露出する時期を待つことなく、葉鞘の中ごろがふくれる時を適期とし、すぐに葉鞘を剝いで収穫するのがよい。

マコモタケの収穫時期は、秋マコモ（新茭、米茭）が九月末～一〇月上旬、春マコモ（麦茭、老茭）が五月下旬～六月上旬ころである。もちろん、これは気象条件によってずれる。春季、気温があまり上がらないと、収穫はおくれる。また夏の高温が秋まで続くと、同じように収穫がおくれる。一方、春暖かく、夏から秋にかけて涼しい年には収穫が早くなる。

定期的に収穫できる春マコモ、秋マコモのほかに、中国では「帯娘茭」（怪茭）がある。これは春に新植した圃場で、その母株の分げつ株が大きくなったものである。一般に土地が肥え、管理がよく行き届いた圃場で、温暖な年にみられる。秋夏産マコモ類の当年初産に当たり、一般に春マコモを収穫した後から秋マコモの収穫前までに出まわる。

「帯娘茭」の収穫や管理は、その株がまだこれから成長するのであるから母株をいためないように十分注意する必要がある。

収穫のとき、マコモタケが短いことがある。これは温度が高すぎたからで、このようなマコモタケを中国では「椰輿茭」という。

収穫の方法は、秋マコモと春マコモでは違う。秋マコモを株から切り離す時には注意を払って、根を傷つけないようにする。春マコモは根株を全部掘り起こすので、秋マコモのように注意をとくに払わなくてよい。秋マコモは九月下旬に収穫し始め、五〜七日後にさらに収穫し、その後は三日目ごとに収穫する。春マコモは五月下旬から収穫し始め、次第に間隔をちぢめ、最終的には毎日収穫することになる。

収穫後、地上部の短縮茎を切り取り、葉鞘を剥ぎ取って出荷する。このマコモタケを中国では「光茭」もしくは「玉茭」という。また葉鞘を二〜三枚つけたまま市場に出すこともある。これを「毛茭」または「売茭」といい、葉鞘によって鮮度（色と味）が保たれ、また輸送、貯蔵に適する。

マコモタケは肉質が柔らかいが、貯蔵性がよいので、出荷を市場の需給に合わせることができる。

貯蔵法には次の方法がある。

①収穫した葉鞘をつけたままのものは、涼しいところで五日ぐらい、また冷蔵庫の中で三〜四カ月貯蔵できる。この場合、質量は変わらない。かごに入れておくだけの方が、低温の効果があらわれやすく、変質しにくい。

②葉鞘を剝いたものは二〇〜三〇本単位で束ねて、一〜二パーセントの明礬水に浸しておくと五〜七日間くらい貯蔵できる。

優良形質株の選抜

優良形質株の選抜品種がよければ、労力や肥料が少なくても収量を高められる。優良な形質を持つ品種の選抜は、日常の管理のなかでおこなっていく必要がある。マコモは栄養繁殖によって殖やすことができる。したがって、黒穂菌の影響を受けやすい。肥大しなかったり（雄茭）、黒穂菌が充満したり（灰茭）した株は抜き取って処分する。土中にその地下茎が残らないように掘り起こして処理することも大切である。また形質のよい株には目印をつけておき、収穫後、ふたたび検査して、よいものを翌年の繁殖用の母株にする。優良株は、つぎの基準に照らして目印をつけるとよい。

①選抜株に雄茭や灰茭を一本も混ぜない。

②成長がそれほど強くない、草丈が比較的低く、しかもそれぞれの葉の長さや広がり具合に差がない。さらに一〜二枚の心葉が短くちぢみ、全葉を束ねた場合、それぞれの葉の葉基（茭白眼）が一ヵ所に集中するような株がよい。

③一株を構成している分げつ株の形がそろっている方が、肥大化率が高く、成熟が均一なもの

の方が選抜に適している。中国では、早生品種を選抜する場合、早生性とは別に「鯰魚須（なまずのひげ）」という株を選抜する。これは花茎の下の方で左右両側から大きな分げつ株が出ている状態が、あたかもなまずのひげに似ているところから名づけられた。このような株は早熟で収量が高いという。

④花茎が肥大したとき、茭肉の一部が葉鞘から露出する。茭肉の表面に光沢がありすぎない、適度のしわがあり、きれいな白色で長さが短い、このようなものが良質である。

表5-2　マコモの栄養成分（可食部100g当たり）

食品名（中国名）	マコモタケ（茭白・冬笋）	マコモノメ（茭儿菜・茭白嫩葉）
可食率（%）	45.0	27.0
水分（%）	92.1	93.1
たんぱく質（%）	1.5	1.9
脂質（%）	0.1	0.5
炭水化物（%）	4.6	2.8
エネルギー（Kcal）	25.0	23.0
繊維（g）	1.1	0.8
灰分（g）	0.6	0.9
カルシウム*（mg）	4.0	5.0
リン（mg）	43.0	61.0
鉄（mg）	0.3	0.6
ビタミンA（IU）	—	—
カロチン（mg）	微量	0.07
サイアミン（mg）	0.04	0.12
リボフラビン（mg）	0.05	0.06
ナイアシン（mg）	0.6	0.8
ビタミンC（mg）	3.0	14.0

成分の測定にあたっては、マコモタケは栽培のものを、マコモノメは野生のものを用いた。
＊シュウ酸の含量が高いため、カルシウムは体に利用されない。
『中国食品成分表』（人民衛生出版社）より

中国の農民の経験では、環境条件が激しく変わると、植えつけた株が雄茭や灰茭になりやすいという。また土壌が乾いたり、水浸しになったり、施肥が過剰だったりすると成長が旺盛になりすぎて、雄茭の発生率が高くなる。灌水が深すぎてマコモの眼（葉基）を越えたり、移植時に裂開した分げつ株があると、灰茭の発生率が高くなるという。雄茭と灰茭の株は外観で区別できる。雄茭株は草丈が高く、成長が旺盛で、葉が長くて葉先がたれて狭く、花茎が空である。灰茭株は正常株と外観が同じで、葉の色がおそくまで緑色を保ち、葉鞘は枯れるまで裂けない。

マコモの新しい食べ方をめぐって

マコモタケは、適期に収穫すると、肉質が柔らかく、白色、微かに芳香と甘みを持っている。そのうえ歯触りがよい。ちょうど、タケノコとアスパラガスを合わせたような食感があり、癖がない野菜だ。調理の仕方によっては、酢の物、煮物、天ぷら、混ぜご飯、炒め物、漬物など、いろいろな利用法が考えられる。

中国ではよく知られている夏野菜で、すぐれた中国料理の素材である。なかでも、広東の

「マコモタケのカキ油炒め」、貴州の「マコモタケの魚肉あんはさみ蒸し」や「澄ましスープ」、雲南の「鶏手羽肉の薄切りとマコモタケ炒め」、四川の「マコモタケとホタテの四川風塩味炒め」などは代表的名菜である。

もともと癖のないさっぱりした野菜であるから、調理の仕方しだいでは、和食にも洋食にも合う素材となるだろう。

茨城県潮来町では、マコモタケで町おこしをと、数年前から料理コンテストをおこない、町民の関心を高めている。ここで話題になった料理は、素朴な和風のものが中心だが、たとえば、「マコモタケの炊き込みご飯」、「マコモタケと冬瓜の味噌あえ」、「潮来マコモの二色フライ」、「マコモタケとすり身の変わり揚げ」、「マコモ入り春巻」、「マコモ・スパゲッティ」、「マコモと春雨の中華風サラダ」、「マコモのポークロールトマト煮」などが発表されていた。どれもバラエティに富んだ力作だった。

一昨年（一九九八年）におこなわれた、全国食肉事業協同組合連合会が主催するファミリークッキングコンテスト全国大会では、マコモタケを使った「豚バラ肉、マコモ、栗の煮込み」が、最優秀農林水産大臣賞を受賞した。ここで審査に当たったプロからも、マコモタケという素材が東京近郊で栽培できることは、今後が期待できると、好評を博したという。

また、マコモタケを凍結乾燥して粉末にしてつくった「マコモ・ゼラード」、「まこも弁当」は、六月のあやめ祭りで配られ、参加者から好評を得た。

開発中のマコモタケの水煮缶詰めは、まだ試作の段階ではあるが、水郷潮来からマコモタケを全国に発信しようという意気込みが感じられる。この後は、収穫期間が短い欠点をカバーするためにも、夏秋産マコモ類の導入や早期萌芽による栽培を技術的に確立したいものである。今

写真5-4　沖縄の八百屋に並ぶマコモタケ

写真5-5　マコモタケ入りの旨煮

はまだ秋産マコモだけであるが、今後栽培技術の改善によっては、夏、秋二回採りや加温施設を使った早出しのマコモタケの出荷も可能である。

6　ワイルドライスはアメリカの味

北アメリカ原産の唯一の穀類

北アメリカのマコモをはじめて植物学的に記載した標本は、ジョン・クライトンが一七三九年にバージニア州で採集し、オランダのライデン大学に送ったものである。リンネはこの標本と記載をもとにして、はじめて *Zizania aquatica* L.（ジザニア　アクアティカ）と命名し、再記載した。この基準標本（No. 574）は、今ではイギリスの大英博物館に保管されている。これが世界におけるマコモ属植物の種類を明らかにした研究の始まりである。アジアのマコモについては、これより一五〇年も後になってから研究が始まった。

その後、北アメリカの内陸にもマコモが自生することが知られるようになった。そのため、分類学的に若干混乱したようである。リンネ、ドール、ダバルらは、北アメリカ原産のマコモを東部海岸地域に分布するアメリカマコモ *Z. aquatica* と、五大湖西部の内陸の湖沼地帯に分布するパルストリスマコモ *Z. palustris* に分けることを提案した。ドールやアイケンらは雌小穂の外形と内穎（ないえい）の形、小穂の数が種によって違うことを明らかにした。このほか、ワーウィク、アイケン、カウンツらは酵素のアイソザイムから、またテレル、ワージンらは走査型電子顕微鏡を使って、アメリカマコモとパルストリスマコモの違いを明らかにした。

アメリカマコモは一年草であり、北はカナダのセントローレンス河からルイジアナ、フロリダ州の東部海岸添いの汽水域に自生している非食性の種類である。パルストリスマコモは一年草でアメリカ、カナダ南部の湖沼地域に自生し、現在、ミネソタ、ウィスコンシン、カリフォルニア諸州やカナダで栽培化が進められている長粒種である。ドールは、この両種に二変種を創設した。これらに、テキサス州の水のきれいなサンマルコス川のごく狭い地域に自生し、絶滅の危険にさらされている多年生のテキサスマコモを合わせて、アメリカのマコモ属植物を三種四変種とするドールの分類が今日広く支持されている。

これらを日本で呼び分けるには、学名では馴染みが悪いので、私は、種名か、変種名を冠し

写真6-1　ワイルドライスの栽培
（ミネソタ北部）

て、アメリカマコモ（*Z. aquatica* var. *aquatica*）、ブレビスマコモ（*Z. aquatica* var. *brevis*）、パルストリスマコモ（*Z. palustris* var. *palustris*）、インテリアマコモ（*Z. palustris* var. *interior*）、テキサスマコモ（*Z. texana*）と呼ぶことにしている。アメリカマコモはこの属の最初の種がアメリカ産であったので、命名者に敬意を表わして、こう呼ぶことにしている。

今日、食用に供されているワイルドライスは、内陸に分布するマコモの子実を指すが、変種の分類にしたがって、パルストリスマコモの子実は粒子が長大で、レイク（湖沼）ライスともいい、どちらかといえば、気候的に冷涼な北寄りのところに自生している。これに対し、インテリアマコモの子実はリバー（河川）ライスと呼ばれており、短粒でひとつの穂につく子実の数が多く、その分布が南寄りである。

カナダ産のワイルドライスの方がアメリカ産に比べて、粒子の色が濃く、長大で、芳香が強く、品質がよいように思われるが、これは種類と分布の違いによる。近年、アメリカのミネソタ州やカリフォルニア州で栽培用に、難脱落性の品種の改良が進められているが、これは、比較的子実は小さいが、大きさが均一で、収量が多いインテリアマコモから選抜されている。

先住民の食料としてのマコモ

アメリカの先住民は、長い間、自然に自生したワイルドライスを採集して食料にしてきた。彼らは、これを神からの贈り物と考え、収穫に際しては神への感謝の儀式をおこない、伝統的な手法で収穫していた。この収穫は、かつては楽しい年中行事であった。各地からいろいろな部族の人たちが集まって、旧交を温め、また新しい友人をつくる。長老たちは実の熟し具合を調べて収穫の日取りを決める。

収穫のときには二人一組になって、先の細い棹を持ってカヌーに乗りこむ。一人が棹でカヌーを操って進み、一人が棹を使って穂をたぐり寄せて、もう一本の棹でカヌーのなかに成熟した穀粒をたたき落とす。このような収穫が二～三週間、数回おこなわれる。これが伝統的な方法である。しかし、今日ではカヌーやモーターつきの小舟の舳(へさき)に熊手のような受け皿をつけて、ワイルドライスが群生した水面を走らせて収穫するやり方がおこなわれている。

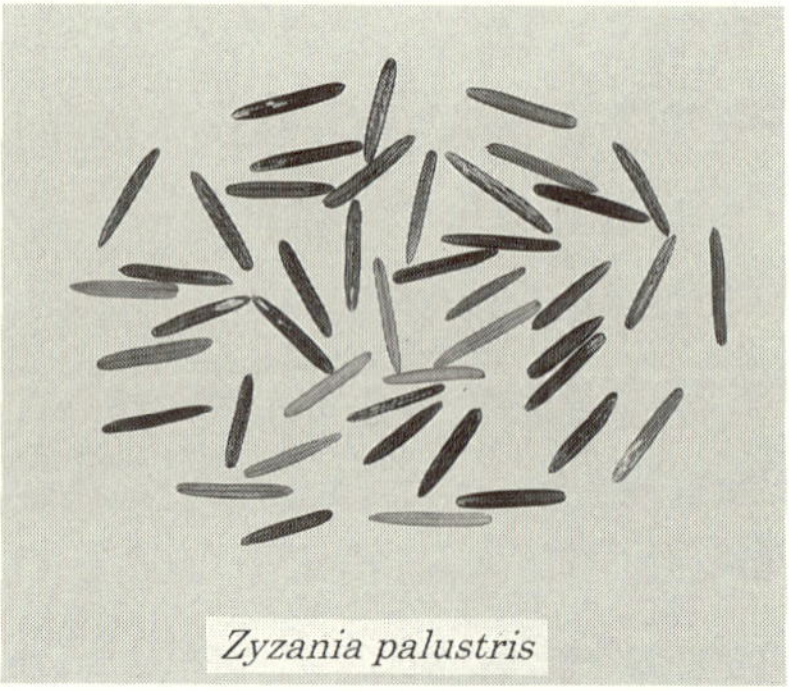

写真6-2　ワイルドライス
（パルストリスマコモ）

伝統的な方法では、収穫したワイルドライスは動物の皮の上に広げて乾かす。その後、大きな鍋に入れて焙煎し、殻が離れやすくなった穀粒を地面に掘った穴に入れ、集まった人たちが上から踏みつけて殻を離し、毛布にのせて空中に放り上げながら、籾殻を風で吹き飛ばすという方法であった。だが、今では、足で踏みつける代わりにすべて機械がやっている。

先住民の居留地内の湖沼や河川のワイルドライスは、先住民に収穫権があって保護されている。居留地以外のワイルドライスは州政府が管理し、収穫時期と収穫方法を規制して収穫希望者に許可証を交付している。もちろん、先住民は居留地以外のワイルドライスのライセンスを持つことができる。

ワイルドライスの成育

インテリアマコモやパルストリスマコモは、品質のいいワイルドライスを実らせるが、野生植物の特性である種子の脱落性、休眠性、発芽の不揃い性を具えている。種子は成熟してもすぐに発芽しない。一定の期間休眠が必要である。

通常、発芽には一～三℃の低温の土のなかや、水のなかに三～五カ月おいておく必要がある。子実は胚の外側の果皮を取りのぞくと休眠が破れて発芽するようになる。休眠の原因のひとつとしてアブシジン酸というホルモンが関与していることがわかった。エルキー博士たちの研究によると、実際、ワイルドライスの種子の胚、果皮、胚乳、殻皮、なかでも胚と果皮にアブシジン酸が多く存在しているという。

果皮を破って子葉鞘が現れてから七～一〇日たつと、初生根が伸び出して三週間後には水中葉が三枚ほど展開する。続いて展開する二～三枚の浮き葉にはワックスがあって水面に浮きやすくなっている。さらに、空中に葉が展開するころになると、二〇本くらい分げつが始まる。発芽して五〇日くらいたつと、茎に成長点が分化し始め、水中で成育する植物特有の薄い羊紙膜状の隔壁を持った中空の茎がみられるようになる。

出穂すると、最初に穂の上部の雌花が咲く。したがって柱頭は同じ花序内の花粉がつく前にほかの花の花粉で受粉する。雄花は雌花より後に葉鞘から出る。頴果（えいか）は受粉後約四～五週間で成熟するが、すべての穀粒が同時に成熟さない。不揃い性がある。これも野生形質の名残といえる。約四週間後、穀粒のアリューロン層が生理的に成熟して黒色になる。

開花は日長と温度に影響される。長日条件下では開花が早く、しかも小花数が多くなる。エルキー博士たちは、インテリアマコモ、アメリカマコモ、テキサスマコモの開花を比較している。その結果、夜間温度を二一℃で一定に保ち、一二、一五、一八時間の明条件で栽培したところ、インテリアマコモとアメリカマコモは短日条件の方が早く開花するが、植物体が小さく、小花数も減少することを認めた。しかし、テキサスマコモは日長に対する反応がみられなかった。

インテリアマコモは冷涼な高地条件では発芽が悪く、もし発芽しても植物体は黄化、矮化(わいか)し、生育がおそくなる。この原因として高地条件では鉄のような微量要素が有効に利用できないためで、実際、マコモを室内で生育させるとしばしば鉄分の不足した状態を起こしやすい。

パルストリスマコモ、インテリアマコモともに、他花受粉植物であるため、変異性が高い。そのため、よい形質の個体がみつかってもなかなか固定することがむずかしい。また、さまざまな生理試験をおこなうためには、形質ができるだけ均一な個体群を用いる必要があるが、これもむずかしい。平野ら(一九九〇)は、成熟した胚からカルスの誘導、プロトプラストの単離・培養、個体発生の基礎条件を検討し、将来、均一なクローン系の作出やマコモの優良遺伝子を導入したトランジェニック稲の育成を可能にする基礎技術を確立した。

ワイルドライスの育種

現在、アメリカにおけるワイルドライスの育種は、ミネソタ州立北部農業試験場が中心になっておこなっている。ワイルドライスは、種子の貯蔵に限界があり、収穫してから一～二年たつと、種子の発芽能力が低くなる。そのため遺伝資源として種子を収集し、長期にわたって貯蔵しておくことがむずかしい。五大湖周辺はインテリアマコモの原産地中心と考えられるので、育種や研究に使う変異が多い種子は、機会ある

表6-1　ワイルドライスの品種特性

品種	特性	発表年
ジョンソン	草丈が高く、晩生。円錐花序はやや紫色を欠く。	1968
M 1	晩中生。マノミン社育成系	1970
K 2	早生、収量は中程度。コスボ兄弟育成	1972
M 3	晩中生、雌性と両性花混合。高収量。マノミン社育成系	1974
ネータム	早生、収量中低、ミネソタ農業試験場育成	1978
ボエガア	草丈やや低い、早生、収量中程度。ミネソタ農業試験場育成	1983
メーター	草丈短、極早生、長形種子、低収量。ミネソタ農業試験場育成	1985
ペトロスク・ボトルブラッシュ	中晩生、高収性、50％以上の個体がボトルブラッシュ型花序。K＆Dワイルドライス社育成	
フランクリン	中早生、ほかの品種より難脱落性。ミネソタ農業試験場育成	1992

特性は、ミネソタ州における栽培による。
スタッカー（1982）、ヘイズ（1989）、ダバルら（1986）より

ごとに野生集団から採取している。

ワイルドライスの栽培化を進めるためには、ワイルドライスが持っている野生の形質を改良する必要がある。実際、最初に難脱落性の導入に成功して育成された品種「ジョンソン」は、一九六八年には栽培されるようになった。

ワイルドライスの脱落性個体はとくに雄花が脱落しやすい。小穂と小花柄の基部にある一ないし数層の柔組織が離れやすく、表皮と柔組織の解離時期は非脱落性個体の方がおそい。野生系統を観察すると、しばしばすべての花序が雌花だったり分岐型の変異がみられることがある。非分岐型の個体は雄性不稔となる。表にミネソタ州で栽培されている品種を挙げた。

これまで育成された非脱落性品種は、それまでの品種から改良されたものではなく、まったく別々の自然条件の湖から採取した個体から選抜育成されたものだったという。これらの品種の正確な系統は明らかでない。品種「ジョンソン」は高収量・晩生種だったが、ある年に霜害で減収したことがある。ミネソタ州ではかつて「ジョンソン」の栽培が多かったが、カリフォルニア州では「ジョンソン」から選抜した品種が栽培されている。現在、ミネソタ州で広く栽培している品種としては、「ケーツー」、「ペトロスク・ボトルブラッシュ」、「ボエガア」、「フランクリン」などである。エリオットは難脱落性の「ケーツー」から早生の「ネータム」を育成した。

ワイルドライスは灌水すると発芽を始め、酸素要求量がイネに比べると、比較的少ない。ワイルドライスの種子の保存には水分が必要であるので、プランタなどで水をかけ流すようにしている。

インテリアマコモにアメリカマコモが持っている非休眠形質を導入するために、両種間の交雑もおこなわれた。アメリカマコモを交配親にして交雑した結果、稔性のある種子を得ることに成功した。これは、遺伝子プールに新しい性質を導入できることを示唆した。たとえば、フロリダ北部で採集したアメリカマコモのある集団は種子の休眠性、成長旺盛、雌花の豊富などの性質が少ないか、欠いている。また北東地域にあるブレビスマコモは短芒、短形種子、矮性、高い塩分の干潟に適応できるなどの性質を持っている。このような種類がパルストリスマコモ、インテリ

表6-2　品種特性：収量・水分含量・脱落性・耐病性

品種	収量（Kg/ha）	水分含量（%）	種子脱落性（%）	ゴマ葉枯れ病発生率（%）
フランクリン	1170	34	20	24
ペトロスク・ボトルブラッシュ	1028	36	21	28
ボエガニ	1074	36	28	20
Ｋ２	1207	35	20	33
Ｋ２（Ｆ）－Ｃ７	1475	36	11	11
ＰＢＲ－Ｃ３	1476	36	11	11
ＰＢ（Ｍ）－Ｃ５	1410	38	11	11
ＦＹ－Ｃ３	1208	37	15	13

ポーターら（1999より）

アマコモ、アメリカマコモ、テキサスマコモとの交配に使われてきた。しかし、アジア原産のマコモからインテリアマコモへ有用な遺伝子を導入するための交配はまだおこなわれていない。

アメリカ原産のワイルドライスの染色体数は2n＝2x＝30である。遺伝子地図は、ゲノム構成、経済的特性の遺伝様式を明らかにすることによってつくられる。ワイルドライスの遺伝子地図を最初につくったのはフィリップやケナルドらである。ある植物の遺伝子地図をつくるためには、特定の制限酵素で遺伝子を切断し、その断片の長さの多型性とゲノム間の相同性を検討することから始める。ワイルドライスの場合は、近縁のイネ（2n＝2x＝24）のマーカーとゲノム構成を比較してつくった。イネについてはすでに詳細な遺伝子地図がつくられている。一細胞あたりの総DNA量はワイルドライスが二・〇ピコグラム、イネは〇・八四ピコグラムである。

ワイルドライスの脱落性遺伝子はトウモロコシ、ソルガム、イネなどと共通していることがわかっている。

ワイルドライスと同じイネ族植物であるイネ、エンバク、オオムギ、コムギ、トウモロコシのDNAとの相同性をサザンハイブリゼーション法で検討した結果、ワイルドライスはイネにきわめて近縁で、ほかのイネ族植物とは系統的に縁が遠いことがわかった。植物分類学では、イネ亜科（イネ、マコモ）はイチゴツナギ亜科（エンバク、コムギ）あるいはキビ亜科（トウモロコシ）より近縁である。イネ属とマコモ属は先祖型として共通のゲノムを持っていたという仮説を立てている。しかしこれを証明するためにはさらに多くのマーカーについて相同性を検討する必要がある。

イネ属植物で用いられているプローブでマコモ属の連鎖地図ができるようになると、異なった染色体上に成熟、草丈、脱落性などに関係する遺伝子座が存在することがわかり、脱落性が少なくとも二優性遺伝子を含む三遺伝子座からなることが明らかになった。将来、このような遺伝子地図はワイルドライスのゲノム構成の基本的情報を提供し、栽培型品種の育種に対する基本的問題を解決するだろう。

作物化への道

ワイルドライスは高緯度地方の湖沼や河川に適応した植物である。したがって、アメリカ南部やわが国の関東以西では生育が早くなり、草丈が低く、分げつや着花数も少ない。また湿度が高いのでゴマ葉枯れ病、イモチ病のような病気が発生しやすく、被害もはなはだしく、生産がむずかしい。まだこれらの病気に対する抵抗性遺伝子はみつかっていないが、近い将来には、もっと低緯度地域にも適応できるような品種が育成されるであろう。

稲作地域へのワイルドライスの導入には、考慮しなければならない問題がある。そのひとつに、イネと共通の病気の発生がある。実際に、三枝、生井ら（一九九一）は、わが国の東北地方でワイルドライスを試作していたとき、葉に紡錘形の典型的なイモチ病の病斑をみつけた。調査の結果、水稲品種ササニシキに由来するイモチ病菌レース〇〇三であることがわかった。その生育ステージがイネに先行するため、イネへの感染源になるおそれが大きい。

ワイルドライスはイネによく似た生育をする。生育中は水深を三〇センチくらいに保てる圃場が必要である。土壌は選ばないが、イネより草丈が高いので倒れやすい。そのため窒素分を控えめにし、しかもイネより冷涼で水温が低く、深水にすることが望ましい。

ワイルドライスの種子の休眠を打破するためには、三℃の水に九〇日以上浸しておかなければならない。いったん休眠が破れた種子は、含水量二五パーセント以下になると発芽力を失う。休眠状態の種子は含水量二五パーセント以下の乾燥状態でもよく耐えるので、水を切って貯蔵できる。

源馬ら（一九八六）は、実際にワイルドライスのような野生に近い植物が乾燥させたくらいで発芽力を失うのはしおらしすぎると考えた。十分に乾燥した種子でも、種皮をサンドペーパーなどによって傷つけると、四〇パーセントくらいは発芽することを認め、不発芽は種皮の不透水性によるのではないかと考えた。

ミネソタ州では、新しい畑でワイルドライスを栽培する場合に、一ヘクタール当たり四五キロの種子が必要であるが、カリフォルニア州では分げつが少ないので、播種量を多くして高密度にする必要がある。そのために葉に病気が出やすくなり、これが問題になる。低湿地の栽培では地下水が高いので、収穫前に水を落とさなければならない。ミネソタ州北部は泥炭地でpH六～七である。粘土層が生育中の保水に必要である。畑のまわりには幅約二メートルの排水溝を掘り、土を盛って土手をつくっている。土手の上は車が走れるくらいの広さにし、水位をコントロールするパイプを開閉できるように板をつけておく。

畑は収穫前に排水しやすいように、わずかに傾斜して造成しておく。種子は翌年の春に播種するまで水につけておく。秋のうちに窒素、燐酸、カリを一ヘクタール当たり三〇キロ元肥として施しておき、生育中に一ヘクタール当たり四〇キロ追肥する。

難脱落性品種を栽培しても、種子が落ちて翌春芽生えるので、普通三、四年は継続して収穫できる。さらに土のなかに残った休眠種子も芽生えるので、品種を切り替える時、混ざってしまうおそれがある。最初の年は栽植密度を高くし、小型のハーベスターやプロペラ船を使って収穫すると、翌年には栽培密度が低くなる。通常の栽培では、一平方メートル当たり四〇本くらいの栽培密度が適当である。

栽培中の病害虫の発生は、しばしば大きな被害を与える。発芽初期、ユスリカの幼虫によって水中葉が食害されて被害を受けることがある。マラソン剤によるユスリカの防除が新しい畑では必要になるが、次年以降になると、脱落種子によって個体密度が高くなるため、とくに薬剤防除を必要としなくなる。

ライスワォーム（ヨトウムシの仲間）は、ミネソタではもっとも大きい被害を与える害虫である。その生活史がワイルドライスの生育期間と一致し、成虫が六～七月に発生し、花に産卵し、幼虫は穀粒を餌にするほかに茎へも食いこむ。

湖沼などにおけるワイルドライスの自然集団では、病気はそれほど怖くなかったが、栽培化が進むと病気が問題になってきた。なかでも、ゴマ葉枯れ病（病原菌 *Bipolaris oryzae*, *Bipolaris sorokiniana*）、小黒菌核病（病原菌 *Sclerotium* sp.）、細菌性条斑病（病原細菌 *Pseudomonas syringae*）による被害が発生している。またウイルスによる条斑モザイク病の発生が警戒されている。このほか、根腐病（病原菌 *Phytophthora erythroseptica*）、黒穂病（病原菌 *Entyloma lineatum*）、麦角病（病原菌 *Claviceps zizaniae*）の発生が知られているが、栽培上の被害はみられていない。

このほか、自然発生でないが、フィシャーら（一九五七）によると、温室内でアメリカマコモに黒穂病（病原菌 *Ustilago esculenta* P. Henn.）が発生したという記録があるが、詳細は不明である。

源馬らは、北海道の十勝地方におけるワイルドライスの実地試作をいち早く行った。その試作のため、農家の水田を借りた。この実験田は冬季零下三〇℃以下になり、完全凍結する。したがって前年の種子は死滅してしまい、自然に落ちた種子による増殖はしないだろうと考えたが、雪が解けるやいなや、実験田全面にワイルドライスの苗が生え揃っていたのには驚いたという。このことは不用意に水田でワイルドライスを栽培すると、種子がこの地方に散逸し雑草化して広がる危険性があることを示すものであり、自然植生への影響を考えなければならないと指摘している。

作物の起源を明らかにしようとする場合、もっとも大きな問題は野生植物から最初の栽培型がどのようにして形成されたか、その過程を知ることである。ワイルドライスは作物化が始まったばかりの野生のイネ科植物である。最初の栽培型がみられる絶好の植物といえる。先住民はワイルドライスの自然採取から栽培化に気づき、条件のいい湖沼や河川で種子と粘土を混

写真6-3　北海道十勝地方におけるワイルドライスの栽培（源馬琢磨撮影）

ぜて団子状にして水中に落として自然植生を広げることを試みた。

ヨーロッパからの移住者や植物学者は、すでに一〇〇年も前に種子をヨーロッパに送って栽培を試みたが失敗した。これは種子を生かしたまま送ることができなかったためと考えられている。

一九五〇年ころから、アメリカで栽培化が始まったが、最初は湖沼から採取した種子をいっせいに播くことから始まった。そのため、当時使われた種子は、まだ脱落性を持っていたために、収穫は二～三週間にわたって数回おこなった。しかし、収穫しやすいように、排水したり、大型のハーベスターを導入し、一九六三年には、圃場で生育中のワイルドライスのなかで、花粉が落ちた後も雄花がついたままで、明らかに難脱落性と思われる個体がみつかった。そのわずかな種子から難脱落性（脱落抵抗性）品種を選抜した。その後、いくつかの難脱落性品種が育成され、今日、栽培中のワイルドライスはすべて難脱落性品種となった。そのため、ミネソタ州の従来の脱落性品種の収量が一ヘクタール当たり一六八〜二二四キロだったのに対して、難脱落型品種は一ヘクタール当たり一六八〇キロ、じつに八〜一〇倍になった。

一九六〇年代後半から一九七〇年代における、難脱落性品種の出現は、ワイルドライスの収量の増加だけでなく、大型機械の導入、栽培面積の拡大を可能にして、自然採取だけに依存していたワイルドライスの生産は、大規模な商業的栽培の時代に入った。

一九九五年は、わが国の稲作にとって未曾有の凶作年であった。この年まで、政府は、過剰の備蓄米を抱え、多くの国民も米の生産調整による減反政策はやむを得ない政策であると考えるようになっていた。しかし、この年の全国の平均作況指数七五はたいへんな出来事だった。

表6-3 ワイルドライスの収量推移

年	ミネソタ	カリフォルニア
1968	16	0
69	73	0
70	165	0
71	276	0
72	678	0
73	544	0
74	469	0
75	559	0
76	820	0
77	468	0
78	799	45
79	977	91
80	1052	181
81	1031	227
82	1223	399
83	1452	1134
84	1633	1134
85	1905	3583
86	2313	4082
87	1905	1905
88	1814	1588
89	1804	1814
90	2177	1905
91	2495	2495
92	2767	3402
93	2404	3402
94	2404	2268
95	2041	2921
96	2721	3447
97	2723	4128

エルターら（1997）より
収量は加工済み収穫物の量による
単位：1000kg

写真6-4　ワイルドライスの採種（東京）

ところが、一般消費者は、二五パーセント減収、おおよそ二五〇万トンの米が不足すると聞いても、食料が有りあまっているこの飽食の時代を背景に、さほどの困惑も感じなかった。どこか、米のあまっている国から輸入すればよい、その程度の認識しかなかったであろう。

北海道では、畑作物への転換がむずかしい水はけの悪い休耕田の荒廃が進み、その対策が叫ばれていた。先に述べた源馬、三浦らが試作をおこなった、ちょうどこの年に北海道十勝地方のイネの作況指数は二で、収穫皆無作であった。この冷害年は、二人にとって千載一遇のチャンスであった。ワイルドライスの試作田では、一〇アール当たり一〇〇キロの収穫があった。

この収量は、イネと比べると、比較にならない低収量のように思うかもしれないが、ミネソタのワイルドライスの高収性品種の平均収量が一〇アール当たり一二五キロであるのと比べてみても、北海道の冷害年における一〇アールあたり一〇〇キロの収量は遜色がない。あらためて、ワイルドライスの耐寒性を実証できたわけである。

このワイルドライスは、アメリカで難脱落性品種といわれている「ケーツー」「ネータム」で、しかも種子の脱落を防ぐために袋かけをして種子を収穫した結果である。難脱落性といっても、まだまだ脱落性は激しい。栽培のためにはさらに高い難脱落性、高収性が要求される。難脱落性は、二、三個の主働遺伝子に支配されていることがわかっている。この遺伝子の難脱落性系統の作出は今後の課題である。これまでに歩んできたイネの作物化の道のりに比べると、ワイルドライスは、まだ、やっとスタートラインに立ったばかりである。今日の科学技術や育種技術の急速な進歩によって、今後イネよりもはるかに速いスピードでワイルドライスの作物化

表6-4　ワイルドライス、玄米、コムギの成分比較

成分	ワイルドライス	玄米	コムギ
たんぱく質（%）	12.7	8.1	14.3
灰分（%）	1.5	1.4	2.0
脂質（%）	1.5	1.9	1.8
繊維質（%）	4.5	1.0	2.9
炭水化物	76.6	NA	NA
エーテル抽出（%）	NA	2.1	1.9
窒素（%）	NA	87.4	78.9
リン（%）	0.34	0.22	0.41
カリウム（%）	NA	0.22	0.58
マグネシウム（%）	NA	0.12	0.18
カルシウム（ppm）	76.6	32	46
鉄（ppm）	13.2	10-17	60
マンガン（ppm）	NA	30-39	55
亜鉛（ppm）	34.8	24.0	NA
銅（ppm）	NA	4.7	8.0
ナトリウム（ppm）	30.1	NA	NA
総カロリー量*	372	NA	NA
カロリー量（脂質）*	14	NA	NA

*カロリー量：Kcal/100g

バータンら（1994）、およびミネソタ州ワイルドライス協会（1982）より

表6-5　ワイルドライス、玄米、コムギの脂肪酸・ビタミン含量

	ワイルドライス	玄米	白米	エンバク	コムギ
脂肪酸%					
パルミン酸	18.6	20.4	13.8	16.2	24.5
ステアリン酸	4.7	1.6	2.7	1.8	1.0
オレイン酸	22.2	41.3	43.3	41.2	11.5
リノレン酸	29.1	34.5	18.0	38.8	56.3
リノレイン酸	25.4	1.0	0.6	1.9	3.7
ビタミン類					
チアミン(mg/100g)	0.34	0.07	0.60	0.52	0.37
リボフラビン(mg/100g)	0.05	0.03	0.14	0.12	0.12
ナイアシン(mg/100g)	4.70	1.60	1.00	4.30	2.20

表6-6　ワイルドライス、玄米、コムギのアミノ酸組成

アミノ酸	ワイルドライス	玄米	コムギ
リジン	4.1	4.1	2.8
ヒスチジン	2.7	2.6	2.4
アンモニア	2.4	2.4	4.0
アルギニン	7.3	8.8	4.7
アスパラギン酸	10.3	9.7	5.4
スレオニン	3.6	3.8	2.9
セリン	5.2	5.1	4.8
グルタミン酸	18.2	18.9	35.4
プロリン	4.1	4.8	11.8
グリシン	4.8	5.1	4.3
アラニン	5.8	5.9	3.6
シスチン	ND	3.8	3.3
バリン	5.7	5.8	4.4
メチオニン	3.0	2.1	1.4
イソロイシン	4.3	4.0	3.6
ロイシン	7.3	8.3	7.2
チロシン	3.5	4.4	2.9
フェニールアラニン	5.0	4.9	5.3
トリプトファン	1.6	1.8	1.6

単位：g／たんぱく質100g、　ミネソタ州ワイルドライス協会資料（1993）より

が進むものと考える。

ワイルドライスの利用

ワイルドライスの穀粒の構造は、一般のイネ科植物とよく似ている。外側から外皮、アリューロン層、胚乳、胚からなり、外皮と胚が五パーセント、胚乳とアリューロン層が九〇パーセントを占める。

栄養価はほかの穀類と同等か、あるいはそれ以上あり、タンパク質が比較的多い。リジン、メチオニン、スレオニンの含量が多く、すぐれた穀類である。米、コムギ、エンバクよりリノール酸が多い。リノール酸、リノレイン酸が総脂肪酸の六五パーセントを占め、酸化すると、臭みを起こしやすい。しかし、リノレイン酸の高含量はワイルドライスを栄養的にすぐれた食品にしている。加工したワイルドライスはビタミンAを含んでいないが、ビタミンB源としてすぐれている。ワイルドライスの燐質はイノシトール－六―燐酸のような複合体で、体内で抗酸化に関連した重要な働きをする。牛肉にワイルドライスを混ぜると加水分解し、低脂肪で嗜好性が高くなることがわかっている。また最近外皮に数種のフェノール系の抗酸化物が含まれていることが明らかになった。

ワイルドライスの市場は、生産の増加、さまざまな食品、たとえば、スープ、インスタントの添え物、半加工品、冷凍加工品などのブレンド品の開発、健康食品への嗜好の高まりによって、従来の調理法に加えて欧米では確実に伸びている。

エピローグ

これまで、ヒトとマコモとのかかわりを眺めてきた。

アジア原産のマコモと太平洋で隔てられた北アメリカ原産のマコモが、穎果（マコモノミ、またはワイルドライス）、茎葉、根、黒穂菌の寄生によってつくられるマコモタケ、マコモノネズミなどまで、食糧として、また、野菜、薬用、顔料、工芸材料として、際限なく利用の範囲を広げてきたことをおわかりいただけたと思う。ヒトはその長い道のりのなかで、マコモの野生形質を変え、栽培しやすいものをつくり出してきた。

しかし、ワイルドライスはまだ脱落性、発芽の不均一性、休眠性などの野生形質を多分に残したままの低利用資源である。これからの改良が必要であるが、一方では、マコモが持っている可能性、たとえば、ワイルドライスの耐寒性、高タンパク質などの遺伝子をイネに導入すること、黒穂菌のメラニン合成系の欠損や黒穂胞子不稔系統のマコモへの寄生によるマコモタケの改良など、多くの可能性を秘めている。

減反政策の申し子のような、耕作を放棄した休耕田を見たとき、寂寞とした無力感に陥ったのは、私ひとりではなかったと思う。

何か有利な転換作物がないものかと、あたりを見渡すうちに、水田を有効に活かせる植物資源として、従来型のヒシ、レンコン、クロクワイ、ジュンサイ、セリ、クレソンのほかに、潜在能力を十分に持っているマコモ属植物に出会った。同時に、同じように休耕田の有効利用を考えている人たちにも出会った。互いに情報の交換でもしようと集まったら、一〇〇名を超えた。そこで、集まるのに会の名前がないと不便だというので、マコモの属名を冠した小さなジザニア研究会が発足した。せいぜい五年も続けたら、大学や県、国の研究機関が乗ってくれるかと、かなり他力本願的だった。それから、すでに一七年が経過し、気がついてみると、毎年、秋には、さまざまな専門分野の人たちが、マコモ属植物について、民俗、植物、耕種、育種、栄養、加工、保蔵などの話題を持ち寄るようになっていた。

その間にも、わが国の食糧自給率は四一パーセントを割り、水田の利用効率はますます下がるばかりとなった。

休耕している湿田、高緯度でイネが生育しないような水田や遊休湖沼にワイルドライスを導入し、また通年灌水できる水田や蓮田、養鰻池の跡地などにマコモを導入し、栽培を試みることをお勧めしたい。日本の気候、風土、植生は、隣国の中国やアメリカ、カナダなどのマコモ利用先進国と類似しているのだから、十分経営的に成立すると思う。最近、ようやく、ワイルドライスやマコモのような低利用資源を導入し、休耕田の有効利用や村おこしに役立てようという小さな機運が各地にみえ始めたことは喜ばしい。しかし、マコモの栽培には、灌漑水が通年必要である。今日の水稲栽培では、収穫作業の機械化のために、ほとんどのところで収穫前の八月にはいっせいに灌漑水を落としてしまう。

当初、私たちは、水田ではいつでも必要な時に、灌漑水が使えるものと考えていた。だがそれは間違いだった。そんなに甘いものではない。取水口を止められたら、水は一滴も来なくなり、マコモの栽培はできなくなる。

この原稿の約束の日をとうにすぎ、生来の怠け者が追い立てられて机にしがみついていた。ちょうど、そのときＮＨＫのワイド特集「地球環境」という七時間三〇分におよぶ番組が始まった。このなかで、白鳥、マガモ、ガンの越冬地として知られている宮城県伊豆沼が紹介された。ここは、筆者が「黒い白鳥」の話で紹介したところである。この日のテレビでは白鳥でなく、ガンの話だった。全国に飛来するガンの八割がこの伊豆沼で越冬するという。そのため、沼は過密状態で、餌の奪い合いが起こっている。そこで、冬の間、周辺の田んぼに水を張ることによってガンを分散させられないか。結果は見事に成功した。

朝になると、ガンはいっせいに沼から飛び立つ。一日中、水を張った田んぼで落ち穂や虫を啄むようになった。ふたたび沼に平和が戻ったという。

自然保護とは、知ることよりも、まず、見ること、感ずることが大切である。

周辺の住民が、その気になれば、冬の間、水田に水を張ることは可能である。最近、盛んに環境保全型農業が話題になっているが、昔は裏作をしない水田には水が張ってあった。凍った田んぼは子供の遊び場になり、同時にニカメイガの蛹を殺す。一石二鳥だ。

昨年（一九九九年）七月、文部省と農林水産省が水路の柵とコンクリートを取りはずして自然を回復し、子供に遊び場として開放しようという政策の転換を音頭取りした。最近になく明るい話だった。その話を建設省の知り合いに話したら、そんなことは、建設省では早くから考えていた。現に、わが省では多自然型河川管理の政策に基づいて、全国の河川に自然を取り戻すように環境の改善をおこなっているという。相変わらずの縦割行政の弊害を痛感したものだ。

一昨年（一九九八年）、ミネソタ大学のエルキー博士が日本へマコモの種子採りにやって来た。いっしょにマコモの自生地を歩いたが、ひと口にいって、マコモの自生地がどんどん減っている現状に驚くばかりだった。地域住民が強く指摘しているのは、水辺の生態系がすっかり変わってしまったということである。

今年も、伊豆沼では小学生が白鳥の餌になるマコモを植える季節がやって来る。子供だけでなく、大人にも野遊びの楽しさを復活させて欲しい。

これまで集めた資料が手元に雑然と、そのままになっていた。考古学にも民俗学にも素人のカビ屋が扱うには、ちょっと荷が重すぎた。そこへ持ってきて人一倍、筆不精な私だが、このような機会を与えて下さった方々のためにも、このままでは申し訳がないと、そんな気持ちで書き終えた。

マコモというマイナーな植物が持つ「民俗性と古くて新しい作物の可能性」に一人でも多くの人に共鳴していただけたら、望外の幸せである。

「第5章　ワイルドライスはアメリカの味」は、日本学術振興会の招聘で日本のマコモの植生調査と種子の収集のために来日したミネソタ大学のエルキー教授の講義資料「北アメリカのワイルドライス」より引用させていただいた。引用を快諾してくださった同教授に厚くお礼申し上げたい。また、マコモに関する論文・著書など、多数を参考にさせていただいたが、それらについては、巻末に参考・引用文献としてまとめておいた。さらに詳しく知りたい方は、これらの文献を読まれることをお勧めする。

最後に、本書の執筆を勧められ、激励の言葉をかけていただいた諸先輩はじめ、マコモに関する情報源になってくださったジザニア研究会、生物資源談話会の皆様、また各地で協力してくださった多くの方々にもお礼を申し上げたい。いちいちのお名前を挙げて、お礼を申し上げるべきところであるが、あまりにも大勢の方々にお世話になり、一人でも漏らして失礼になることをおそれ、省かせていただいた。ここに衷心よりお礼申し上げる。

長年にわたり、マコモの研究だけでなく、研究室の運営、研究、教育ばかりでなく、公私ともに協力を惜しみなく与えてくださった東京農業大学地域環境科学部電子顕微鏡室の同僚、矢口行雄助教授、斉藤紀子講師に厚くお礼申し上げる。

また、本書の内容は、研究室卒業生の在学中における献身的な調査、実験によって得られた成果の集積であることを、ここに記して感謝を表したい。

最後に、本書の刊行に際し、ご理解をいただいた八坂書房社主八坂安守氏、並びに辛抱強く遅筆で粗野な私の原稿に有益なアドバイスを与えて下さった中居恵子氏に感謝申し上げる。

著　者

平成一二年　如月　　邯鄲亭にて

参考・引用文献

1　世界のマコモ

1 陳　守良・庄体徳「菰属系統 *Zizania* L. 植物幼苗観察及辛縁類系的討論」『南京中山植物園研究論文集』1982：p.109-113, 1982.

2 陳　守良・舒　璞「菰属系統与演化研究　—花粉形態」『植物分類学報』29（1）：p. 52-59, 1991.

3 陳　守良「菰属系統与演化研究　—外部形態」*Bull. of Bot. Reseach,* 11（2）：p. 59-73, 1991.

4 玄松南・石井龍一「マコモの分類と中国における栽培」『農業および園芸』73（3）：p. 371-374, 1998.

5 後藤捷一・山川隆平『染料植物譜』洛北書房 p. 312-313, 1937.

6 芳賀　登・石川寛子『全集日本の食文化 2　食生活と食物史』雄山閣 p. 15-19, 1999.

7 Hirayoshi, I. ; The chromosomal relationships in Oryzeae and Zizaninae. *Proc. Intern. Genet. Symp.,* p. 293-297, 1957.

8 人見必大『本朝食鑑 三水菜』東洋文庫 p. 252-253, 1976.

9 猪股道也・比留川京子・鈴木進「現生植物の珪酸体の形態」『東京農業大学農学集報』40（1）：p. 8-31, 1995.

10 岩崎灌園『本草図譜 水草部30巻』p. 17-18, 1830.

11 許田倉園「マコモ属植物とのお付き合い」『ジザニアぶみ』No. 8：p. 1, 1990.

12 正宗敦夫編『和名類聚鈔』風間書房 1977.

13 三浦宏一郎『菌類認識資料　壱』（自費出版）p. 111-114, 1990.

14 永山久夫『日本古代食事典』東京書林 p. 132-133, 1998.

15 中村重正「マコモ *Zizania latifolia* Turcz. の利用について」『農業構造問題研究』No. 147：p.93-109, 1989.
16 黄　真生「美国野生稲及其近縁植物之細胞学及び農芸学的研究」『中華農学会』, 103：p. 21-42, 1978.
17 Terrell, E. E. and W. P. Wergin ; Epidermal features and silicadeposition in lemmas and awns of *Zizania* (Gramineae). *Amer. J. Bot.*, 68：p. 697-701, 1981.

2　日本人とマコモ

1 赤松宗旦義知『利根川図志　巻五』1857.（岩波文庫　1994復刻版）
2 本間正彦「牧草としてのマコモ」『ジザニアぶみ』No. 13：p. 1, 1995.
3 古事類苑刊行会編『古事類苑　植物の部14』吉川弘文館, p. 928-932, 1937.
4 薦文化研究所編『真薦』No. 1（1988), No. 2（1993).
5 N. I. ヴァヴィロフ著／(財）木原記念横浜生命科学振興財団監訳『ヴァヴィロフの資源植物探索紀行』八坂書房 1992.
6 宮下和喜『ニカメイチュウの生態』（自費出版）1982.
7 中村重正「マコモ」松尾卓見編『植物遺伝資源集成　第4巻』講談社 p. 1637-1638, 1989.
8 中村重正「マコモの資源化　―マコモ属植物の種類と利用」『東京農業大学農業資料室』No. 11：p. 1-12, 1991.
9 日本植物友の会編『日本植物方言集　草本類編』八坂書房 1972.
10 佐藤雪雄『庄内方言辞典』東京堂 1992.
11 田付貞洋「ニカメイガにおけるイネ寄生個体群とマコモ寄生個体群との関係」『ジザニアぶみ』No. 18：p. 1-2, 2000.
12 角田幸吉『驚異の原生真菰健康法』文理書院 1981.
13 湯浅浩史「マコモの名の由来」『ジザニアぶみ』No. 5：p. 1, 1987.
14 吉田巌『アイヌ方言語彙集成』小学館 1989.

3　マコモと黒穂菌

1 青葉　高『野菜の日本史』八坂書房 1991.

2 Calouge, F. D. ; Ultrastructure of the haustoria and intracellular hyphae in four different fungi. *Arch Mikrobio.*, 67 : p. 209-225, 1969.

3 Chan,Y. S. and L. B. Thrower ; The host-parasite relationship between *Zizania caduciflora* Turcz. and *Ustilago esculenta* P. Henn. I. Structure and development of the host and host-parasite combination. *New Phytol.*, 85 : p. 201-207, 1980.

4 ——and—— ; The host-parasite relationship between *Zizania caduciflora* Turcz. and *Ustilago esculenta* P. Henn. II. *Ustilago esculenta* in culture. *New Phytol.*, 85 : p. 209-216, 1980.

5 ——and—— ; Host-parasite relationship between *Zizania caduciflora* Turcz. and *Ustilago esculenta* P. Henn. III. Carb ohydrate metabolism of *U. esculenta* and the host-parasite combination. *New Phytol.*, 85 : p. 217-224, 1980.

6 ——and—— ; Host-parasite relationship between *Zizania caduciflora* Turcz. and *Ustilago esculenta* P. Henn. IV. Growth substances in the host-parasite combination. *New Phytol.*, 85 : p.225-233, 1980.

7 Chen, S. L.（陳守良）et al. ; Priliminary studies an systematic position and evolution of *Zizania* L. (Gramineae) in *Proc. Intern. Symp. Bot. Gard.* Nanjing, China. 1989.

8 Day, P. R. and S. L. Anagnostakis ; Corn smut dikalion in culture. *Nature London*, 231: p.19, 1970.

9 江上波夫・田中静一編著『中国食品辞典』書物文物流通会 p. 70-71, 1960.

10 榎本鈴雄「人工培養基上における黒穂菌の胞子形成について」『北海道大学農学部紀要』1（3）: p. 256-274, 1953.

11 Fischer, G. W. ; *Manual of the North American Smut Fungi.* The Ronald Press Company., p. 260-261, 1953.

12 Fischer, C. W. and G. S. Holton ; *Biology and control of the smut fungi.* Ronald Press Company, New York, 1957.

13 Gaunt, R. E. and J. G. Manners ; The production of trehlose and polyols by *Ustilago nuda* in culture and their utilization

in healthy and infected wheat plants. *New Phytol.*, 72 : p. 321, 1973.

14 原　彰「マコモへの再挑戦」『ジザニアぶみ』No. 6 : p. 1, 1988.

15 Hennings, P. ; Neue und interessante pilze aus dem Konigl. *Botan. Museum in Berlin* III, Hedwigia, 34 : p. 10, 1895.

16 Hori, S. ; On *Ustilago esculenta* P. Henn. *Ann. Mycol.*, 5 : p. 150-154, 1907.

17 今関六也「キノコ→ガン→長寿→菌食論」『林業技術』317, 318, 1968.

18 柿嶌　真「日本産黒穂菌類の分類学的研究」『筑波大学農林研』1 : p. 1-124, 1982.

19 柿嶌　真・山崎佑子「マコモに寄生するくろぼ菌 *Ustilago esculenta* のくろぼ胞子発芽パターンとその分類学的意義」『日本菌学会第39回大会講演要旨集』p. 208, 1995.

20 Kanehira, T., K. Fukuhara, S. Itoh, K. Kataoka and M. Shinohara ; Electrophoretic patterns of the enzymes from *Ustilago esculenta*. *Trans. Mycol. Soc. Japan*, 32 : p. 217-223, 1991.

21 桂　琦一『虫と菌』築地書館 1982.

22 胡道静著／渡部　武訳『中国古代農業博物考』農山漁村文化協会 p. 106-113, 1990.

23 Leu, L. S., H. C. Yang and S. K. Sun ; Preservation of water-oat, a crown gall of *Zizania latifolia* induced by *Ustilago esculenta*. *Plant Prot. Bull.* (Taiwan), 19 : p. 238-244, 1977.

24 箕口重義・荒木祐子・広口美佐子・山本直子「マコモタケ（茭白—マコモ菌えい）の組織化学的性状と組成」『聖徳栄養短期大学紀要』16 : p. 7-18, 1985.

25 箕口重義・荒木祐子・山本直子「マコモ（*Zizania latifolia* Turcz.）における国内自生型と栽培型の解剖学的及び組織化学的性状の比較」『聖徳栄養短期大学紀要』17 : p. 5-16, 1986.

26 箕口重義「栽培マコモと野生マコモ　—先祖返り現象か」『ジザニアぶみ』No. 18 : p. 2, 2000.

27 Miyabe, K. ; Note on *Ustilago esculenta* P. Henn. *Bot. Mag.* (Tokyo), 9 : p. 197-197, 1895.

28 Apollonia, N., R. Bauer, F. Oberwinkler and J. Tschen ; Basi-

dial development, spindle pole body, septal pore, and host-parasite interaction in *Ustilago esculenta. Nord. J. Bot.*, 10 : p. 457-464, 1990.

29 Nakamura, S., T. Saitou and Y. Yaguchi ; Utilization of stem galls induced by *Ustilago esculenta* in Japan. *J. Agri. Sci., Tokyo University of Agriculture*. 30 : p. 139-142, 1985.

30 中村重正「マコモズミ」『楽しい園芸』No. 47 : p. 74-75, 1985.

31 中村重正『植物病理学事典』養賢堂 p. 907-910, 1995.

32 長坂淳子・原　彰・関口駿一・重信弘毅「コモ（菰）に寄生するクロボキン（黒穂菌）の薬効について、一般薬理学的研究」*Natural Medicines*, 48（4）: p. 272-281, 1994.

33 劉　波著／難波恒雄・布目慎勇訳『中国の薬用菌類』自然社 1982.

34 応建浙編『中国薬用真菌図鑑』科学出版社 1987.

35 Perkins, D. D. ; Biochemical mutants in the smut fungus *Ustilago maydis. Genetices*, 34 : p. 607-626, 1949.

36 Sawada, K. ; Discriptive catalogue of the Formosan fungi. *Spec. Bull. No.* 19, *Gov. Agric. Exp. Stn. Formosa.*, 1 : p. 1-124, 1916.

37 沢口悟一『日本漆工の研究』丸善 1933.

38 篠原正行・兼平勉「マコモ黒穂病菌えいの解剖学的観察とマコモに対する接種試験」『日本大学農獣医学部学術研究報告』No. 49 : p. 7-13, 1992.

39 Su, H. J. ; Some cultural studies on *Ustilago esculenta. Coll. Agr. Nat., Taiwan Univ. Spec. Publ.* No. 10 : p. 139-160, 1961.

40 寺川博典『植物・動物・菌　三元食のすすめ—より健康な食生活を目指して』漢方科学財団叢書（No. 6), 1993.

41 Terrell, E. E. and L. R. Bartra ; *Zizania latifolia and Ustilago esculenta, a grass-fungus association*. 1982.

42 冨樫謹也『はじめての鎌倉彫』美術出版社 p. 106-111, 88-92, 1977.

43 William, H. Hunt and Marvin, R. Thompsons ; A pharmacological study of *Ustilago. Jour. of the American Pharmaceutical Association*, 27 : p. 740-752, 1938.

44 Yang H. C. and L. S. Lew ; Formation and histopathology of

galls induced by *Ustilago esculenta* in *Zizania latifolia. Phytopath.*, 68 : p. 1572-1576, 1978.

45 ——and—— ; Temperature and nutrition effects on teliospore germination of *Ustilago esculenta. Trans. mycol. Soc., Japan*, 21 : p. 205-213, 1980.

46 Yen, W. Y. ; Deuxiéme note sur quelques *Ustilagines* de China. *Contr. Inst. Bot. Natl. Acad. Peiping*, 3 : p. 5-15, 1935.

47 —— ; Germination des spores de quelques Ustilaginées. *Bull. Soc. Mycol. France*, 53 : p. 339-345, 1937.

48 Yuk-sin Chan and L. B. Thrower ; The host-parasite relationship between *Zizania caduciflora* Turcz. and *Ustilago esculenta* P. Henn. 2. *Ustilago esculenta* in culture. Univ. of Hongkong, 1979.

49 Yü, Y. N. ; On the variation of Yeniaceae in Ustilaginaes. *Acta Phytotax. Sin.*, 12 : p. 317-327, 1974.

4　非日常のマコモ文化

1 千葉県立房総のむら博物館編『草で作ったウマとウシⅠ、Ⅱ』pp. 44, 1997.

2 川口謙二編著『日本の神様読み解き事典』柏書房 1999.

3 金光慥爾『新撰祭式大成　調度装束篇』明文社 1942.

4 金井典美『ものと人間の文化史24　湿原祭祀』法政大学出版局 1977.

5 宮崎　清『ものと人間の文化史55-Ⅰ　藁Ⅰ』法政大学出版局 1996.

6 ——『ものと人間の文化史55-Ⅱ　藁Ⅱ』法政大学出版局 1996.

7 矢野憲一『伊勢神宮の衣食住』東京書籍 1992.

8 ——『ものと人間の文化史81　枕』法政大学出版局 1997.

5　マコモの栽培と利用

1 朝日新聞社編『新顔の野菜たち　マコモタケ』1989.

2 池谷保緒・寺田洋子『中国野菜の栽培と料理』家の光協会, p. 176-178, 1986.

3 何　康編『中国農業百科全書（蔬菜編）』農業出版社 1990.
4 顧元龍『茭白』上海科学技術出版社 1987.
5 宮田裕二「マコモ（*Zizania latifolia* Turcz.）の特性調査」『静岡農試研究報告』No. 37 : p. 13-23, 1993.
6 中村重正・神門達也訳『マコモ栽培法（上海版）』21pp. ジザニア研究会 1985.
7 中村重正・斉藤紀子「マコモ料理コンテスト—茨城県潮来町の事例」『ジザニアぶみ』No. 16 : p. 5-6, 1998.
8 長島　正「千葉県におけるマコモの栽培」『ジザニアぶみ』No. 17 : p. 6, 1999.
9 ———「佐倉市（千葉県）におけるマコモタケの栽培と出荷（事例）」『ジザニアぶみ』No. 18 : p. 3, 2000.
10 日本種苗協会編『種苗特性分類調査報告書—まこも—』28pp. 1990.
11 李玉宝「茭白」『台湾農家便覧（園芸作物蔬菜編）』台湾省農会 p. 905-906, 1980.
12 李曙軒編『茭白的栽培蔬菜学各論（南方本）』農業出版社 p. 403-410, 1979.
13 上海人民出版社編『広州蔬菜品種誌』p. 387-389, 1974.
14 鐘維栄・李玉宝「マコモ（採筍用）の栽培と管理（1）」『農業及び園芸』65 : p. 53-58, 1990.
15 鐘維栄・李玉宝「マコモ（採筍用）の栽培と管理（2）」『農業及び園芸』65 : p. 309-312, 1990.
16 曹　侃・玉槐栄・梢有無編著「茭白」『水生作物栽培　水生蔬菜作物』上海科学技術出版社 p. 72-89, 1982.
17 谷口昌弘他「マコモタケの安定多収栽培」『農業及び園芸』70(3) : p. 407-412. 1995.
18 矢花利治「中国野菜の品種と栽培（8）」『農業及び園芸』59 : p. 341-343, 1985.
19 矢花利治編著『中国野菜　栽培法と食べ方』化学工業日報社 p. 183-188, 1985.
20 野菜試験場編「いわゆる中国野菜について」『野菜試験場研究資料』p. 36-37, 91-92, 1984.

6　ワイルドライスはアメリカの味

1 Albecht, K. A., E. A. Delke and M. L. Brenner ; Abscisic asid levels in the grain of wild rice. *Crop. Sci.*, 19 : p. 671-676, 1979.

2 Anderson, B. ; *Wild Rice for seasons cook book*, Minnesota. 1981.

3 Anderson, W. L. ; Chippewas and wild rice. Voyageur, 2(5) : p. 20-23, 1968.

4 有松晃・林利宗「北米におけるワイルド・ライスの調査、その一、その二」『農業構造問題研究』147 : p. 75-92, 1989.

5 Bean, G. A. and Schwarz, R. ; A severe epidemic of *Helminthosporium* brown spot disease on cultivated wild rice in nothern Minnesota. *Pl. Dis. Reporter*, 45 (11) : p. 901, 1961.

6 Bonder, M. I. ; Biological peculiarities of the wild rice (*Zizania aquatica* L.) *J. Tr. Bot.*, Sada. Akad. Nauk. UzbSSR., 4 : p. 78-91, 1957.

7 Brown, W. V. ; A cytological study in the Gramineae. *Amer. J. Bot.*, 35 : p. 382-395, 1948.

8 —— ; A cytological studies of some Texas Gramineae. *Bull. Torrey Bot. Club.*, 77 (2) : p. 63-76, 1950.

9 Brun, W. A. ; Effects of moisture percentage and alternating temperature on germination of wild rice (*Zizania aquatica* L.). *Am. Soc. Agron. Abstr.*, 29, 1968.

10 Cardwell, V. B., E. A. Oelke and W. A. Elliott ; Seed dormancy mechanisms in wild rice (*Zizania aquatica*). *Agron J.*, 70 : p. 481-484, 1978.

11 Counts, R. E. and P. F. Lee ; Patterns of variation in Ontario wild rice (*Zizania aquatica*) I. The influence of some climatic factors on the differentation of populations. *Aquatic Botany*, 28 : p. 373-392, 1987.

12 Croskery, P. R. ; Wild rice production and harvest in northwestern Ontaorio during 1977. *Ontario Ministry Natural Resources*, 1978.

13 De Wet, J. M. J., and E. A. Oelke ; Domestication of American wild rice. *J. d'Agric. Traditionelle et de Botanique Appliquee,* 25 : p. 67-84, 1978.
14 Department of natural resources ; *Wild rice, Manitobas' most historic crop,* Manitoba 8pp., 1980.
15 Dore, W. G. ; Wild rice. *Canada Dept. Agri. Publication,* No. 1393, 49pp., 1969.
16 Ellott, W. A., and G. J. Perlinger ; Inheritance of shattering in wild rice. *Crop Sci.,* 17 : p. 851-853, 1977.
17 ——and—— ; Wild rice In hybrization in crop plants. Fehr, W. R. and H. H. Hadley (eds.). *Am. Soc. Agron.,* Madison, Wisc., p. 721-731. 1980.
18 Everett, L. A., and R. E. Stucker ; A comparison of selection methods for reducing shuttering in wild rice. *Crop Sci.,* 23 : p. 956-960, 1983.
19 Fassett, N. C., ; A study of the genus *Zizania. Rhodora,* 26 : p. 153-160, 1924.
20 Foster, K. W., and J. N. Rutger ; Genetic variation of four traits in a population of *Zizania aquatica. Can. J. Plant Sci.,* 60 : p. 1-4, 1980.
21 Gemma, T., H. Miura and K. Furusato ; Effect of soaking and scarification on germination of dry wild rice (*Zizania palusturis* L.) seed. *Res. Bull. Obihiro Univ.,* I. 15(1) : p. 65-68, 1986.
22 Gemma, T., H. Miura and K. Hayashi ; Effect of Water depth and temperature on the seedling growth of wild rice, *Zizania palustris* L. *Japanese J. of Crop Science.* LXII : p. 414-418, 1993.
23 源馬琢磨「興味つきないワイルドライス」『ジザニアぶみ』No. 3 : p. 1, 1986.
24 Halstead, E. H., and B. T. Vicario ; Effect of ultrasonics on the germination of wildrice (*Zizania aquatica*). *Can. J. Bot.,* 47 (10) : p. 1638-1640, 1969.

25 Harlan, J. R., and J. M. J. De Wet and E. G. Price ; Comparative evolution of cereals. *Evolution*, 27 : p. 311-325, 1973.

26 Huang Chen-Seng ; Cytological and agronomical studies on american wild-rice, *Zizania palustris*, and its related species. 『中華農学会報』新第103期21-42, 1978.

27 Hayes P. M., R. E. Stucker and G. C. Wandrey ; The domestication of American wildrice (*Zizania palustris*, Poaceae). *Econ. Bot.*, 43 : p. 203-214, 1989.

28 Hirano, M., and M. Kohno ; Callus formation from mature embryos and plant regeneration of american wild rice, *Zizania palustris* L., *Plant Tissue Culture Letters*, 7 : p. 69-73, 1990.

29 Hirayoshi, I. ; The chromosomal relationship in Oryzeae and Zizaneae. Proc. Intern. Genet. Symposia 1956, Tokyo and Kyoto. p. 293-297. 1957.

30 星川清親「マコモとのつきあい」『ジザニアぶみ』No. 2:p. 1, 1985.

31 川端晶子・永島伸浩「セマンテック・ディファレンシャル法によるワイルドライスの食味評価」『日本食品工業学会誌』33 : p. 91-101, 1987.

32 岸本裕一「カリフォルニア州北部ワイルドライス産地のマーケッティング行動について」『ジザニアぶみ』No. 16 : p. 3-4, 1998.

33 岸本妙子「食糧供給からみたマコモおよびワイルドライス, —日米における栽培事例調査—」『ジザニアぶみ』No. 16 : p. 4-5, 1998.

34 小山鐵夫『資源植物学』講談社 1984.

35 Lee, P. F., and J. N. Stewart ; Ecological relationships of wild rice, *Zizania aquatica*. 3 Facters affecting seeding success. *Can. J. Bot.*, 68 : p. 1608-1615, 1984.

36 —— ; *The aquaculture of wildrice*. Thunder Bay, Ontario, Lakehead University, 1986.

37 Manitoba Department of Natural Resources ; wild rice ——Manitoba's most historie crop. p. 1-8, 1980.

38 三浦秀穂・篠田良「ワイルドライスの作物化への試行錯誤」『ジザニアぶみ』No. 13 : p. 1, 1994.

39 Morrison, R. H., and T. H. King ; Stem rot of wild rice in Minnesota. *Plant dis. Report*, p. 498-500, 1971.

40 村上　高「ワイルドライスの植物学的位置と食品的価値」『農業及び園芸』63 : p. 1353-1355, 1988.

41 中村重正「ワイルドライスの風土性」『ジザニアぶみ』No. 4 : p. 1, 1986.

42 ——訳『北アメリカのワイルドライス（*Zizania* spp.）—古くて新しい作物—E. A. Oelke 講義資料』ジザニア研究会 1998.

43 Oelke, E. A., ; Amino acid content in wild rice (*Zizania aquatica* L.) grain. *Agron. J.*, 68 : p. 146-148. 1976.

44 Oelke, E. A., J. Grava, D. Noetzel, D. Brron, J. Percich, C. Strait and R. Stucker ; Wild rice production in Minnesota. *Univ. Minnesota, Agricultural Extension Service*, p. 1-38, 1976.

45 Oelke, E. A., and K. A. Alberecht ; Influence of chemical treatments on germination of dormant wild rice seeds. *Crop Sci.*, 20 : p. 595-598. 1980.

46 Oelke, E. A., D. Noetzel, D. Brron, J. Percich, C. Schertz, J. Strait and R. Stucker ; Wild rice production in Minnesota. *St. Paul, University of Minnesota, Agriculture Extension Service Bull.*, 464, 1982.

47 小田桂三郎「注目される普通作物、特用作物」『研究ジャーナル』13 : p. 3-22, 1990.

48 岡　彦一「アメリカン　ワイルドライス（*Zizania*）における栽培化と育種」『育雑』39 : p. 111-117, 1989.

49 太田初子・杉本栄子「ワイルドライスの性状とピラフへの応用」『大阪信愛女学院短期大学紀要』第24集 : p. 65-78, 1990.

50 太田初子・田原モト子「未加工と加工および炊飯ワイルドライスの栄養成分と調理特性」『ジザニアぶみ』No. 16 : p. 4-5, 1998.

51 Pearson, D. E., and S. H. Whitaker ; An introduction to wild rice and the wild rice industry in Saskatchewan. La Ronge, Department of Northern Saskatchewan, Economic Development Branch, 1972.

52 Pritam Saim ; Wild rice (*Zizania aquatica L.*) Production of

1982 in the northwestern region Ontario. Ontario Ministry of Natural Resources. 1983.

53 三枝正彦「マコモとのめぐり会い」『ジザニアぶみ』No. 11 : p. 1, 1993.

54 Simpson, G. M., ; A study of germination in the seeds of wild rice (*Zizania aquatica*). Can. J. Bot., 44 : p. 1-9, 1966.

55 Steeves, T. A., and G. P. Dewolf ; Note on the varieties of *Zizania aquatica. Rhodora*, 52 : p. 614, 1950.

56 Steeves, T. A., and G. P. Dewolf ; Wild rice - indian food a modern delicacy. *Economic Botany*, 6 : p. 107-142, 1952.

57 Terrell, E. E., and W. J. Wiser ; Protein and lyscine contents in grains of three species of wild-rice (*Zizania* ; Gramineae). *Bot. Gaz.*, 136 : p. 312-316, 1975.

58 Terrell, E. E., W. H. P. Emery and H. E. Beaty ; Observations on *Zizania texana* (Texas wildrice), an endanyered species Bull. *Torrey Bot. Club.*, 105 : p. 50-57, 1978.

59 Terrell, E. E., and W. P. Wergen ; Scanning electron microscopy and energy dispersive x-ray analysis of leaf epidermis in *Zizania* (Gramineae). *Scanning Electron Microsc.*/1979/III, p. 81-88, 1979.

60 Terrell, E. E., and W. P. Wergin ; Epidermal feature and silica deposition in Lemmas awns of *Zizania* (Gramineae). *Amer. J. Bot.*, 68 : p. 697-707, 1981.

61 Thomas, A. G., and J. M. Stewert ; The effect of different water depths on growth of wild rice. *Can. J. Bot.*, 47 : p. 1525-1531. 1968.

62 遠山益「ジザニアと私」『ジザニアぶみ』No. 9 : p. 1, 1991.

63 University of Minnesota, Agricultural Extension Service ; Wild rice reproduction on Minnesota. *Extension Bull.*, 464, 1982.

64 Watanabe N., T. Kawajiri, and Miyata ; Photosynthetic oxygen evolution in genus *Zizania. Res. Bull. Fac. Agric. Gifu. Univ.*, 51 : p. 43-49, 1986.

65 Weber, C. E., and G. M. Simpson ; Influence of water on wild

rice (*Zizania aquatica* L.) grown in a prairie soil. *Can. J. Bot.*, 47 : p. 657-663. 1967.

66 和田富吉「ワイルドライスの魅力」『ジザニアぶみ』No. 10 : p. 1, 1992.

67 Weichel, B. J., and O. W. Archibold ; An evaluation of habitat potential for wild rice (*Zizania palustris* L.) in northern Saskatchewan. *Appl. Geography*, 9 : p. 161-175, 1989.

68 Weir, C., and H. N. Dale ; A developmental study of wild-rice. *Z. aquatica* L.. *Can. J. Bot.*, 38 : p. 719-739, 1960.

69 Winchell, E. H., and R. P. Dahl ; Wild rice production, Prices and marketing, *St. Paul, University of Minnesota, Agriculture Experiment Station, Miscell-aneous Publication*, 29, 1984.

70 Woods, D. T., and L. H. Gutex ; Germinating wild rice. *Can. J. Plant Sci.*, 54 : p. 423-424, 1974.

著者紹介
中村重正（なかむら・しげまさ）
1929年、山梨県富士吉田市生まれ。東京農業大学大学院農学研究科修了後、同大学農学部に勤務。1978年から、東京農業大学教授。現在同大学名誉教授。農学博士。専攻：菌学および植物病理学，植物資源学。
おもな論文・著書：『植物病理学事典』（共著）養賢堂（1995)、『植物遺伝資源集成』（共著）講談社（1989)、「ラジノクローバの花の葉化とその電子顕微鏡による所見」(1975)、「マコモの資源化」(1991)、「マコモの利用について」(1989)、「マコモ栽培法」(1985)、ほか多数。

菌食の民俗誌―マコモと黒穂菌の利用―

2000年5月16日　初版第1刷発行

著　者　中村重正
発行者　八坂安守
印刷所　三協美術印刷㈱
製本所　㈲高地製本所

発行所　㈱八坂書房
〒101-0064 東京都千代田区猿楽町1-5-3
TEL 03-3293-7975　FAX 3293-7977
郵便振替 00150-8-33915

ISBN 4-89694-453-4

料理百珍集
何必醇・器土堂　他著／原田信男校注・解説　江戸期の究極レシピ集！豆腐・鯛・卵・いも・柚・ハモ・こんにゃくなどの食材について、各々約100種、計840種もの料理法を紹介。
二四〇〇円

海の味　―異色の食習慣探訪―
山下欣二著　ゴカイ、ウツボ、ウミヘビ、ヒトデ、イソギンチャク・・・北は北海道から南は沖縄まで、好奇心旺盛な水生動物のプロが体験した珍食・奇食・異色の食習慣の数々を紹介。
一九〇〇円

ことばで探る食の文化誌
内林政夫著　世界各地の食生活事情を知る著者が、食材・料理からマナー・食習慣に至る様々な姿を、それを伝える「ことば」を軸にして描き出した異色の食文化誌。
三二〇〇円

おいしい花　―花の野菜・花の薬・花の酒―
吉田よし子著　花は世界中で野菜や薬、茶や酒の原料として利用されている。食材としての花を探り、市場、料理、食品の写真を添えて綴る世界の花食文化誌。
一八〇〇円

☆税別価格

くだものがたり

村田隆一著　美味しい果物づくりにかけてきた研究者が歴史、人、果物を語る。愉快な話あり、ためになる話あり、苦労話あり。果樹園から贈るもっともっと果物が美味しくなる一冊。　二〇〇〇円

中国古代遺跡が語る　稲作の起源

岡彦一編訳　稲の故郷はどこか。アッサム―雲南か、長江中下流域か。稲の起源に関する自然科学、考古学、遺伝学、育種学の立場から書かれた、新たな論争を呼ぶ中国の論文を多数紹介！　四八〇〇円

朝鮮人参秘史

川島祐次著　東アジアに展開された朝鮮人参をめぐる知られざるドラマの数々を綴ると共に、科学面からも人参に迫る。出雲風土記の人参、将軍吉宗と人参の栽培、効能・効果と用法・用量など。　三一〇七円

ネパール・インドの聖なる植物

マジュプリア著／西岡直樹訳　両国の文化に精通した著者が、信仰の対象であり、神々に捧げられるサラノキ、ビャクダン、ウコンなど植物114種を紹介、その神話・薬効を述べる。　二四〇〇円

☆税別価格